黄河中游洪水调控模拟技术与预测分析

窦身堂　张原锋　张防修　著

黄 河 水 利 出 版 社

·郑 州·

图书在版编目(CIP)数据

黄河中游洪水调控模拟技术与预测分析/窦身堂,张原锋,张防修著.—郑州:黄河水利出版社,2017.12

ISBN 978-7-5509-1932-7

Ⅰ.①黄… Ⅱ.①窦…②张…③张… Ⅲ.①黄河流域-洪水调度-研究 Ⅳ.①TV872

中国版本图书馆CIP数据核字(2017)第324246号

出 版 社:黄河水利出版社

地址:河南省郑州市顺河路黄委会综合楼14层 邮政编码:450003

发行单位:黄河水利出版社

发行部电话:0371-66026940、66020550、66028024、66022620(传真)

E-mail:hhslcbs@126.com

承印单位:虎彩印艺股份有限公司

开本:787 mm×1 092 mm 1/16

印张:9

字数:162千字 印数:1—1 000

版次:2017年12月第1版 印次:2017年12月第1次印刷

定价:35.00元

前　言

高含沙洪水是造成黄河下游河道严重淤积和洪水灾害的主要因素。高含沙水流含沙量高、来沙量大，短时间内会造成河道强烈淤积，同时也常常造成河道整治工程险情，给黄河防洪造成巨大压力。小浪底水库修建后，用现状干支流水库群的水沙调控能力，对不同来源区洪水泥沙进行时间和空间的调控，塑造有利于水库排沙和河道输沙的协调水沙关系，是实现水库和河道减淤、缓解不利河道形态所带来的防洪压力的有效措施。因此，建立黄河中游水库调控数学模型、水库水沙输移动力学模型和下游河道水沙演进数学模型形成高含沙洪水的综合模拟技术，并对黄河中游高含沙洪水进行分类调控与预测分析，对水库长期发挥调水调沙作用、减少河道和水库泥沙淤积等十分重要。

本书基于高含沙洪水水沙输移规律，结合历史典型洪水实测资料分析，研究黄河中游高含沙洪水输移与调控方案。主要包括数学模拟技术、水库水沙调控措施和调控效果分析3部分内容，共7章。本书得到“十二五”科技支撑计划项目“黄河中下游高含沙洪水调控关键技术研究”(2012BAB02B02)和水利部公益性行业专项“基于云服务的水利仿真计算系统生成平台”(201401033)的资助。

主要内容如下：

第1章介绍了黄河中游高含沙洪水的基本特性及未来变化趋势，并对高含沙洪水进行了分类。

第2章为高含沙洪水在水库与河道中演进的关键问题及模拟方法，包括水库溯源冲刷、干支流倒灌淤积及异重流输沙等，下游河道的水动力演进机制分析，以此为基础，建立了下游高含沙洪水的相关数学模型及模拟技术。

第3章为高含沙洪水的调控思路，根据水沙调控指标，针对不同类型的高含沙洪水，提出不同类型高含沙洪水的调控思路及调控技术方案。

第4章和第5章为针对不同类型高含沙洪水的调控方案效果分析，包括库区冲淤变化、下游河道冲淤及河槽调整的对比，并分析拟建古贤水库的调节作用。

第6章为利用数学模拟技术，以小浪底水库优化运用及库区形态优选为目标，提出有利于保持优选库容形态的水库调度模式，延缓水库淤积速度，调整淤积形态，有效利用支流库容，发挥水库综合效益。

第7章为结论。

由于作者水平有限，书中难免存在疏漏与不足，欢迎读者提出宝贵意见。

作 者

2017年8月

目　录

第 1 章　高含沙洪水特点与分类

1.1　高含沙洪水变化特点

黄河水沙发生了显著变化，从长时间序列来看，水沙变化趋势一致。径流、泥沙明显减少，但是水沙变化的幅度不同。图 1-1 为 1961 ~ 2013 年黄河中游控制水文站潼关站的年径流量、输沙量累计变化过程。根据各年径流、泥沙变化趋势，潼关站水沙变化可分以下阶段：1961 ~ 1969 年，年径流量为 454 亿 m^3、年输沙量为 15.1 亿 t；至 1970 ~ 1980 年，年径流量、年输沙量分别减少为 360 亿 m^3、11.9 亿 t；1981 ~ 1985 年，黄河出现少有的连续丰水少沙年，年径流量增加为 443 亿 m^3，输沙量不但没有随之增加，反而继续衰减至 7.7 亿 t；1986 ~ 1997 年，径流量开始大幅度减少，减少为 264 亿 m^3，输沙量仍为 7.7 亿 t 左右；1998 ~ 2009 年，径流量进一步减少，年均 205 亿 m^3，为有实测资料以来最枯值，随着径流量的显著减少，输沙量进一步减少，减少幅度增大；1998 ~ 2005年年输沙量减少为 4.5 亿 t，2006 ~ 2013 年输沙量进一步减少，减少幅度更大，年均值达历史最少值 2.0 亿 t，这一阶段输沙量相对稳定，年际之间变幅减小；尽管 2010 ~ 2013 年径流量增加为 293 亿 m^3，增加幅度明显，但是输沙量并没有明显的同步增加趋势。总之，尽管水沙均为减少，二者变化并不同步，泥沙减少的趋势性更强，相对稳定，减少的幅度与径流减少幅度不一致，变化时间滞后于径流变化。

高含沙洪水变化过程与径流、泥沙变化基本一致，洪水频次减少，洪峰流量、含沙量减小，依据高含沙洪水水量、沙量变化趋势（见图 1-2），可分为如下阶段：1961 ~ 1979 年，黄河高含沙洪水频发，潼关站共发生高含沙洪水 52 次，年均 2.6 次，最大洪峰流量 15 400 m^3/s，最大含沙量 911 kg/m^3（1977 年）。该阶段年均高含沙洪水水量 33 亿 m^3、沙量 5.5 亿 t，1977 年高含沙洪水沙量最大。1980 ~ 1987 年，高含沙洪水场次锐减，潼关站仅发生高含沙洪水 8 场次，年均 1 次，年均高含沙洪水水量 8.3 亿 m^3、沙量 0.2 亿 t。1988 ~ 1999 年，高含沙洪水场次开始明显增加，发生 27 次，年均 2.3 次，最大含沙量为 1997 年 8 月的 481 kg/m^3，该阶段年均高含沙洪水水量 23 亿 m^3、沙量 3.5 亿 t。2000 ~ 2005 年，高含沙洪水场次又开始减少，发生高含沙洪水 9 次，年均 1.5

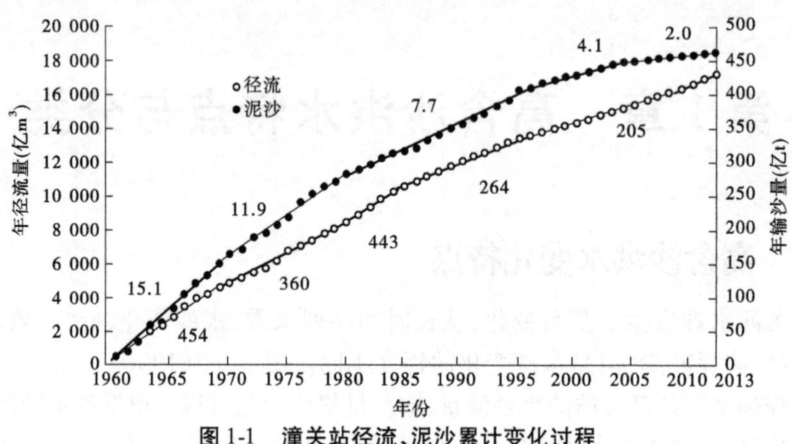

图 1-1 潼关站径流、泥沙累计变化过程

次,最大含沙量发生在 2003 年 7 月,为 431 kg/m³,年均高含沙洪水量 9.0 亿 m³,沙量 1.2 亿 t,该阶段高含沙洪水的减少主要表现为洪水量及洪水沙量的减少。2006 ~2013 年,黄河高含沙洪水发生显著变化,无论高含沙洪水频次、量级均明显减少,该阶段仅 2010 年发生一次高含沙洪水,洪峰流量 2 770 m³/s,最大含沙量 361 kg/m³,年均水量 1.2 亿 m³、沙量 0.1 亿 t。

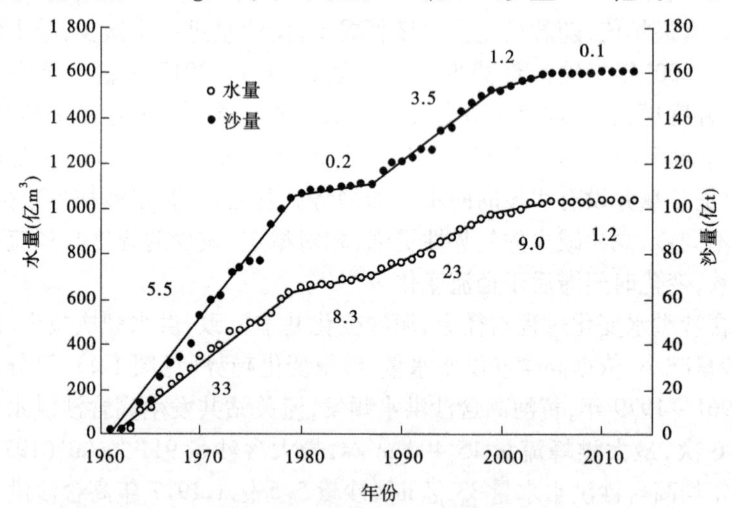

图 1-2 潼关站高含沙洪水水量、沙量累计变化过程

1.2 高含沙洪水分类

小浪底水库投入运用后,水库防御大洪水的能力明显加强,但是拦沙能力

仍然有限,高含沙洪水对水库、下游河道淤积的影响最为明显。不同量级的高含沙洪水,在水库与河道的冲淤特性不同。洪峰流量与洪水沙量是高含沙洪水的重要特征指标,洪峰流量较大的漫滩高含沙洪水,黄河下游滩地往往产生大量淤积,有时会发生淤滩刷槽现象;一般高含沙洪水,河道主槽发生严重淤积;洪峰流量较低的高含沙小洪水,淤积主要发生在花园口以上河段的主槽。

洪水沙量直接影响水库河道的冲淤量,是水库调控运用的重要考量指标。从图1-3可以看出,对于黄河下游高含沙洪水而言,当洪水沙量大于10亿t时,一般为漫滩洪水;当洪水沙量小于4亿t时,洪水水量小于20亿 m^3 时,一般为高含沙小洪水。根据黄河下游高含沙洪水冲淤特性及三门峡水库、小浪底水库运用特点,将黄河高含沙洪水初步分为三类,来沙量大于10亿t的漫滩高含沙洪水、来沙量在4亿~10亿t的中等高含沙洪水、来沙量小于4亿t的高含沙小洪水。第一类洪水,往往在黄河下游造成大范围的漫滩,滩地大量淤积,主槽淤积较少甚至发生冲刷,这类洪水以1977年高含沙洪水为代表。第二类洪水,黄河下游主槽以淤积为主,高含沙洪水随流量的增加,主槽输沙能力增加,淤积相对减少,接近平滩流量,输沙能力最大,这类洪水以1989年高含沙洪水为代表。第三类洪水,为高含沙小洪水,洪水流量一般不超过2 600 m^3/s,高含沙洪水在下游主要表现为主槽淤积,但是因洪水沙量不大,淤积量也不大,且主要淤积在花园口以上河段。洪水花园口以上河段的淤积,一般在非洪水期及非汛期,能够被逐渐输往下游。小浪底水库运用以来,这类洪水很多,如2002年的高含沙洪水。

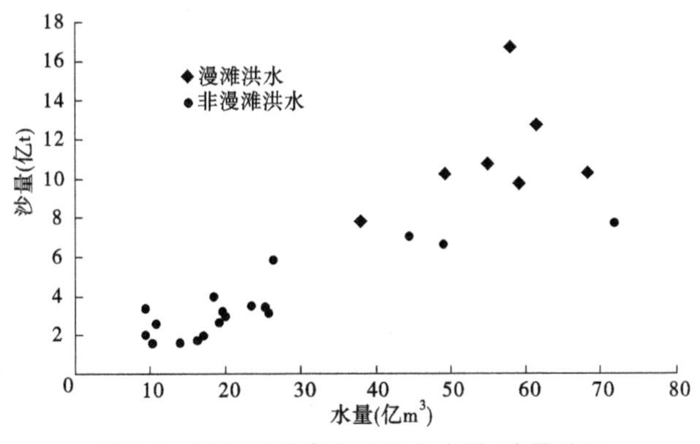

图1-3　黄河下游高含沙洪水水量、沙量关系

第2章　高含沙洪水冲淤过程模拟方法

2.1　黄河下游高含沙洪水演进动力学模型

黄河下游高含沙水流,有时出现洪峰流量沿程增加的独特现象。为描述高含沙洪水的独特行为,需要考虑高含沙洪水含沙量沿程显著调整与河道大幅冲淤的影响。为此,应用守恒形式的浑水运动控制方程,描述沿程浑水密度差异、河道冲淤作用、重力和阻力调整等因素的影响,并基于特征线理论,分析变量沿特征线传播的物理本质,描述高含沙洪水演进的独特现象,揭示其内在的动力学机制。

2.1.1　洪水演进基本方程

考虑浑水密度空间不均匀性的水流控制方程包括连续方程和动量方程。

浑水连续方程

$$\frac{\partial(\rho_m A)}{\partial t}+\frac{\partial(\rho_m Q)}{\partial x}=-\frac{\partial(\rho_s' A_s)}{\partial t} \tag{2-1}$$

浑水动量方程

$$\frac{\partial(\rho_m Q)}{\partial t}-\left(\frac{Q^2}{A^2}-gh\right)\frac{\partial(\rho_m A)}{\partial x}+\frac{2Q}{A}\frac{\partial(\rho_m Q)}{\partial x}$$
$$=\left[\rho_m g h^2\frac{\partial B}{\partial x}+gA(h-h_c)\frac{\partial \rho_m}{\partial x}\right]+U\frac{\partial}{\partial t}(\rho_s' A_s)+(G'-T) \tag{2-2}$$

式中:A 和 A_s 分别为过水面积和床面冲淤面积;B 为河宽;h 和 h_c 分别为水深和形心处水深,h 可表示为 A/B,h_c 近似取 $0.5h$;Q 为断面流量;U 为断面平均流速,可表示为 Q/A;g 为重力加速度;ρ_m 为浑水密度;ρ_s' 为混合层泥沙密度;G' 为重力在水流方向的分量;T 为阻力。

根据控制方程的特征线(见图 2-1)和相容方程,通过数学推导,得出流量 Q 和过水面积 A 的表达式(2-3)。需要说明的是,这里的流量 Q_F 和过水面积 A_F 并未被独立显式表达。

$$\begin{cases}Q_F=Q_M+\alpha_1 Q_M+\alpha_2[(\rho_m Q)_M-(\rho_m Q)_N]+\alpha_3[(\rho_m A)_M-(\rho_m A)_N]+\alpha_4\Delta t\\A_F=A_M+\beta_1 A_M+\beta_2[(\rho_m A)_M-(\rho_m A)_N]+\beta_3[(\rho_m Q)_M-(\rho_m Q)_N]+\beta_4\Delta t\end{cases} \tag{2-3}$$

其中

$$\alpha_1 = \frac{(\rho_m)_M}{(\rho_m)_F} - 1$$

$$\beta_1 = \frac{(\rho_m)_M}{(\rho_m)_F} - 1$$

$$\alpha_2 = \frac{1}{(\rho_m)_F}\left(\frac{Q/A - \sqrt{gh}}{2\sqrt{gh}}\right)_F$$

$$\beta_2 = -\frac{1}{(\rho_m)_F}\left(\frac{Q/A + \sqrt{gh}}{2\sqrt{gh}}\right)_F$$

$$\alpha_3 = \frac{1}{(\rho_m)_F}\left(\frac{-Q^2/A^2 + gh}{2\sqrt{gh}}\right)_F$$

$$\beta_3 = \frac{1}{2\left(\rho_m\sqrt{gh}\right)_F}$$

$$\alpha_4 = \frac{1}{(\rho_m)_F}\left\{\left[\rho_m g h^2 \frac{\partial B}{\partial x} + gA(h - h_c)\frac{\partial \rho_m}{\partial x}\right] + U\frac{\partial}{\partial t}(\rho'_s A_s) + (G' - T)\right\}_F$$

$$\beta_4 = \frac{-\frac{\partial}{\partial t}(\rho'_s A_s)}{(\rho_m)_F}$$

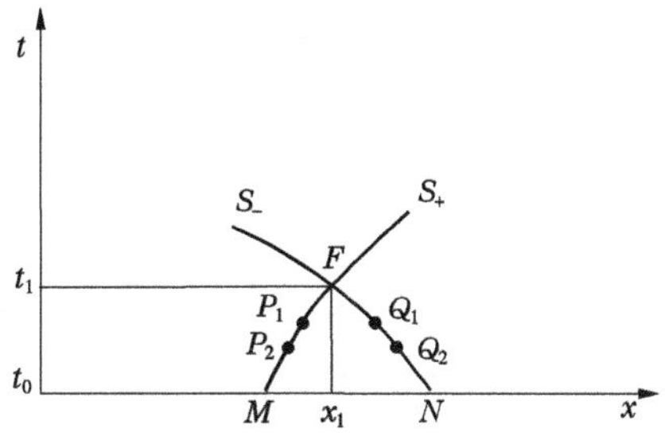

图 2-1　信息沿特征线传播示意图

2.1.2　洪水演进动力学机制

由式(2-3)和图 2-1 可以看出,在以对流输运为主的洪水演进过程中,一般仍由上游对流通量起主导作用,即 F 点的流量 Q_F 主要由上游流量 Q_M 决定(右端第一项),并在外界条件的综合作用下进行沿程调整(右端后四项)。

该式中,$\alpha_1 Q_M$ 是流体密度变化项,反映流体密度变化对流体体积变化的影响。对于由清水和泥沙组成的不可压缩流体而言,其密度变化是由水体泥沙与床面泥沙的不平衡交换引起的,在不考虑浑水中水沙相变的情况(含沙量增减不会使水体体积发生明显变化)下,该项可不计入。但是,由水体泥沙与床面泥沙的不平衡交换(沿程冲淤)引起的动量交换和附加力则应被考虑。

$\alpha_2[(\rho_m Q)_M-(\rho_m Q)_N]$ 为对流输运不平衡项,反映对流通量不平衡对洪峰传播的影响。缓流时,该项系数 $\alpha_2<0$,在涨水阶段一般有 $[(\rho_m Q)_M-(\rho_m Q)_N]>0$,对上游传递的大流量有削减作用;在落水阶段 $[(\rho_m Q)_M-(\rho_m Q)_N]<0$,对上游传递的小流量有增补作用。该项间接反映了河段槽蓄调洪作用。

$\alpha_3[(\rho_m A)_M-(\rho_m A)_N]$ 可表示为 $\alpha_3\dfrac{1}{g}[(\gamma_m hB)_M-(\gamma_m hB)_N]$,反映了压力能沿程变化对洪水演进的影响,可与动能相互转化。当上游浑水密度大于下游浑水密度时,促进水流运动;反之,则抑制水流运动。洪水涨峰阶段,含沙量迅速增加(特别是人工调控洪水,随着异重流出库含沙量骤然增加),河段上游浑水密度显著大于下游。即使在沙峰传播的过程中,高含沙洪水淤积、含沙量减少,沿程密度梯度依然存在,指向下游的压力作用加强,促使水流向下游运动。

$\alpha_4\Delta t$ 为外力对水流演进的时间累积效应。主要包括压力剩余项、冲淤引起的动量交换项、重力作用和阻力项。压力剩余项是由河宽和浑水密度变化引起的附加项,表达式为 $\rho_m gh^2\dfrac{\partial B}{\partial x}+gA(h-h_c)\dfrac{\partial\rho_m}{\partial x}$,一般情况下,该项与方程左端的压力梯度项 $-gh\dfrac{\partial}{\partial x}(\rho_m A)$ 相比属于次要项,特别是在顺直河道的低含沙情形下,该项趋于0。冲淤引起的动量交换项是指具有动量的水体悬沙沉积于床面止动,或床面静止泥沙被水流起动获得动量过程中,水体与泥沙之间的动量交换。冲刷过程中,床面泥沙起动需从水体获得动量,水体在质量增加的同时减小流速以维持动量守恒;反之,随水体一起运动的悬沙止动于床面过程中,其所具有的动量会在近底转移至水体,在水体质量减小的同时增大流速来保持动量守恒。因此,在淤积状态下,该项促进水流向下游运动;冲刷状态下,该项抑制水流向下运动。这也有助于解释水流在由冲转淤时综合阻力会减小的论断。重力和阻力是促使和阻止水流运动的两个重要方面。重力分量的具体表达式为 $G'=\rho_m gAJ_b$。可以看出,随着浑水密度的增大,重力在流动方向的分量得到加强,且这种加强随河道比降 J_b 增大而愈加明显。这也有助于解释洪峰增值易出现在河道比降较大的河段。阻力作用直接影响了水流演进速度与传播特征,一般可用 $\rho_m gA\dfrac{n^2U^2}{R^{4/3}}$ 表示,n 为曼宁系数,也即综合糙率系数,反映河道边界及水力因子综合特征。当 n 变大时,水流运动受到抑制;当 n 较小时,水流流动得到加强以平衡重力作用。

从以上分析可见,含沙量沿程分布、槽蓄作用、冲淤作用、重力及阻力调整均为影响洪水传播的关键因素,受其影响,洪水在传播过程中有可能被坦化,也有可能被加强,形成洪峰增值的特殊现象。

2.1.3　黄河下游高含沙洪水洪峰增值原因

2004 年 8 月下旬,小浪底水库下泄了一场最大含沙量 343 kg/m^3 的极细高含沙洪水。2004 年 8 月 22 日 20 时,小浪底水库下泄流量为 1 500 m^3/s,含沙量为 1.06 kg/m^3;至 23 日 0 时,异重流排沙出库,此时小浪底水库下泄流量 1 540 m^3/s,含沙量增大到 59.7 kg/m^3;23 日 3 时 12 分,流量增至 2 530 m^3/s,含沙量增大到 253 kg/m^3;23 日 8 时 36 分,下泄流量达到最大值 2 690 m^3/s,此后流量逐步下降;24 日 0 时,下泄流量降至 2 210 m^3/s,但含沙量达到 343 kg/m^3;30 日 12 时,异重流排沙过程结束。此次洪水期间,小花间支流伊洛河和沁河加水不足 200 m^3/s,基本没有加沙。小浪底、花园口两站水沙过程见图 2-2。

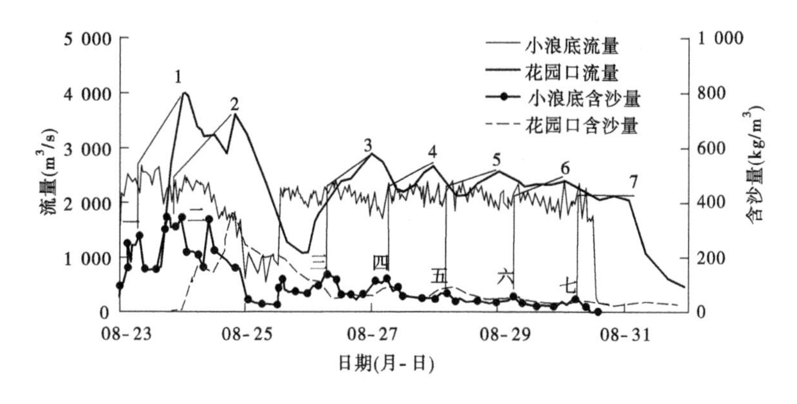

图 2-2　小浪底、花园口两站水沙过程

可以看出,与小浪底出库过程相比,整个洪峰过程中小浪底水文站流量相对平稳,而花园口水文站出现 7 次明显增值,其中前两次增幅较大,最大增幅达 39%;结合小浪底含沙量过程发现,每次花园口流量增值前约 20 h(洪水在小花间传播时间),小浪底含沙量均有明显增加,说明含沙量可能是引起下游洪峰增值的关键条件,含沙量变化易引起洪峰的波动。

还可以发现,花园口站流量 7 次增值中,小浪底流量相差不大,在 2 000 ~

2 690 m^3/s 范围内，而前两次增值幅度加大，其对应的小浪底含沙量也较大（第一次沙峰约为 280 kg/m^3，第二次沙峰达 359 kg/m^3），说明含沙量越大，引起的增值幅度越大。此外，尽管第二次沙峰较大，但小浪底、花园口两站含沙量差值并没有第一次沙峰大，河段沿程密度差产生的压力作用变小，所以第二次沙峰花园口站的增幅并未比第一次大。

浑水密度差异可造成压力梯度沿程变大，促进洪水向下游传播。据测算，"04·8"洪水中花园口河段弗劳德数 Fr 大致为 0.5，平均水深约为 2 m，上游含沙量为 280 kg/m^3，下游近似清水，河段过水面积近似取 1 000 m^2。该项的定量影响为

$$\begin{aligned}\Delta Q_1 &= \alpha_3[(\rho_m A)_M - (\rho_m A)_N] \\ &= \frac{1}{(\rho_m)_F}\left(\frac{-Q^2/A^2 + gh}{2\sqrt{gh}}\right)_F[(\rho_m A)_M - (\rho_m A)_N] \\ &= \frac{1}{(\rho_m)_F}\left(\frac{1 - Fr^2}{2}\sqrt{gh}\right)_F[(\rho_m A)_M - (\rho_m A)_N] \qquad (2\text{-}4)\end{aligned}$$

则可计算得由浑水密度差异导致的流量增值 ΔQ_1 约为 600 m/s，增幅约为 20%。"04·8"洪水中小浪底沙峰演进至花园口并未明显减小，小浪底至花园口区间也未发生明显淤积，含沙量无明显衰减。因此，在该场高含沙洪水中该项影响不大，定量影响表示为

$$\begin{aligned}\Delta Q_2 &= \frac{1}{(\rho_m)_F}U_F\frac{\partial}{\partial t}(\rho'_s A_s)_F\Delta t \\ &= \frac{1}{(\rho_m)_F}\left(U\frac{\Delta(QS)}{\Delta x}\frac{\Delta x}{U}\right)_F \\ &= \frac{(QS)_M - (QS)_N}{\rho_m} \approx 0 \qquad (2\text{-}5)\end{aligned}$$

高含沙浑水洪峰传播过程中，沿流动方向的压力作用和重力作用是加强的，阻力 T 必须沿程增大以平衡外力的作用。但是，据分析，由于高含沙洪水过程中床沙细化和形态调整，综合阻力系数 n 却是减小的，"04·8"洪水期间花园口糙率由 0.028 下降至 0.018，下降幅度达 30% 以上。因此，从阻力表达式可以看出，当 ρ_m 增大 20%、n 减小 30%，流量沿程调整趋于平衡时，流量 Q 至少应增加 25% 才能平衡外力的作用；考虑到随着流量增加，过水面积 A 和水力半径 R 亦会有所增加，流量 Q 的增值幅度还有可能更大。

综上所述，尽管压力加强、淤积作用、重力和阻力调整都是造成洪峰增加的影响因素，但"04·8"洪水增值主要是由上游浑水密度较大形成的压力梯

度增加和床面调整后阻力调整所致，若直接单因素相加，“04 · 8”洪水演进至花园口可增值 45% 左右，实际增值为 39% 左右，二者基本一致。

2.2　水库溯源冲刷及模拟方法

小浪底水库输沙状态沿程复杂多变。若遇降水冲刷运用，在水库三角洲顶点附近，常发生溯源冲刷，冲刷效率高，输沙强度大，是水库形态优化和库容恢复的重要方式。在水库近坝段，上游输移的高含沙洪水常能形成异重流排沙出库，输沙能力极强，远高于明渠壅水排沙；顶坡段为沿程冲淤，见图 2-3。沿程冲刷、溯源冲刷和壅水排沙具有不同的输沙特征，应分别建立相应的描述方法。

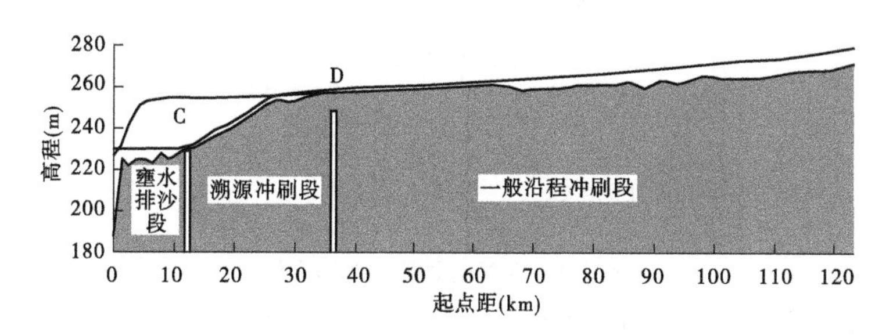

图 2-3　水库水沙模式沿程划分

2.2.1　水库模型的要求

采用冲刷类型识别、模块启用的技术，实现库区冲刷过程的统一模拟。库区模型的基本框架见图 2-4。首先采用普通水库模型的计算方法，即先不考虑溯源冲刷和异重流，而按照水沙输移自上游向下游的一般原则进行初步计算。然后，依此为基础，判别溯源冲刷是否发生，若发生将该河段按照溯源冲刷模式进行再次计算。最后，进行近坝段浑水输移计算，判断是否有异重流发生，如果发生则调用相应模式。

2.2.2　溯源冲刷的模型改进

溯源冲刷河段水流流速较大，河床冲刷剧烈。若按照通常的沿程冲淤计算模式，即泥沙方程采用不平衡输沙模式 $-\alpha\omega(S^* - S)$ 计算，由于该模式的时空恢复尺度较长而无法反映和模拟冲刷迅速、剧烈发生的情况，需对冲刷模式和底部边界条件另作处理。

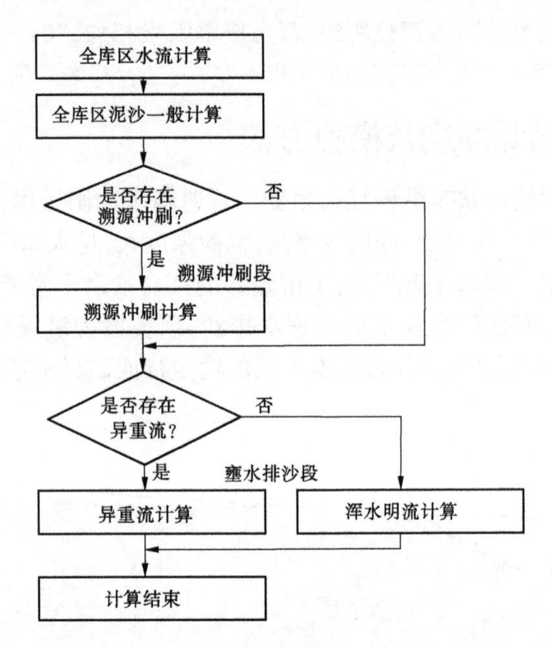

图 2-4 水库模型整体架构设计

溯源冲刷所发生的河床剧烈调整，可以概化为河床滑塌和土体力学失稳的土力学行为与水流挟沙输移的水动力学行为的共同作用。需要考虑水流剪切力、淤积物物理化学特性及河床土力学特性的关系式。

2.2.2.1 溯源冲刷河段控制方程

溯源冲刷河段泥沙基本变量包括输沙率 QS 、河床变形 ΔZb 及冲刷距离 l。

泥沙连续方程：

$$\begin{cases} \dfrac{\partial QS}{\partial x} + \gamma' B \dfrac{\partial Zb}{\partial t} = 0 \quad x \in (C,D) & \text{微分形式} \\ \displaystyle\int_C^D \left(\gamma' B \frac{\partial Zb}{\partial t} \Delta T\right) \mathrm{d}l = \int_0^{\Delta T} \left(\frac{\partial QS}{\partial x} l\right) \mathrm{d}t & \text{积分形式} \end{cases} \tag{2-6}$$

河床形态(变形)方程：

$$\begin{cases} Zb = Zb(x,t) \quad x \in (C,D) & \text{河床形态方程} \\ \Delta Zb = \Delta Zb(x,t) \quad x \in (C,D) & \text{河床变形方程} \end{cases} \tag{2-7}$$

式中，河床形态(变形)仅给出其一般式，具体表达式因概化和简化不同，有不同表达形式；C、D 为溯源冲刷发生的上、下临界点；l 为 C、D 两点之间的长度，即溯源冲刷发展距离，是溯源冲刷计算的补充变量，也是计算的关键变量。

溯源冲刷距离 l 主要由溯源冲刷段流量 Q 、河宽 B 、比降 J 、时段 ΔT 等决定，这里同样给出其一般形式如下：

$$l = l(Q,B,J,\Delta T) \tag{2-8}$$

2.2.2.2　溯源冲刷段进、出口条件

一旦进口点 D 的位置确定（不同模式，确定方法不同，后有详述），溯源冲刷段进口泥沙条件便可由上段沿程冲淤水沙演进求得，方程为

$$(QS)_{溯\mathrm{in}} = (QS)_{沿D} \tag{2-9}$$

溯源冲刷出口（侵蚀基点 C）通常取为坝前水深减去正常水深处，该处冲刷剧烈，可按饱和输沙处理，即输沙量等于输沙力，也借助于经验公式表达，在参数合理取值时，两者为同一值，表达式为

$$(QS)_C = (QS^*)_C \quad 或 \quad (QS)_C = \left(\varphi \frac{Q^{1.6}J^{1.2}}{B^{0.6}}\right)_C \tag{2-10}$$

2.2.2.3　溯源冲刷控制方程

利用溯源冲刷段水流条件与河道几何特征定量表达冲刷距离 l 发展的表达式，如韩其为二次曲面假定冲刷距离 l 公式有：

$$l = \sqrt{12}\sqrt{\frac{qs_{C+l}}{\gamma'_s J_{C+l}}\Delta T} \tag{2-11}$$

溯源冲刷河段河床冲刷是在较强的水流条件下，以河床滑塌和土体力学失稳为主。假定河床冲刷的深度与该处水流条件成正比关系，水流条件选取挟沙力因子$\frac{U^3}{gh}$。定义侵蚀基点 C 处的河床变形为 ΔZb_C，可得如下方程：

$$\Delta Zb(x) = \frac{(U^3/gh)_x^m}{(U^3/gh)_C^m}\Delta Zb_C \tag{2-12}$$

式中，m 可仿照挟沙力计算进行取值。

式(2-12)是关于 C 点河床变形 ΔZb_C 的方程，将该式与冲刷距离方程式(2-11)，以及溯源冲刷段进口条件式(2-9)和出口条件式(2-10)代入泥沙连续方程式(2-6)中的积分表达式，可得关于 ΔZb_C 的独立方程式：

$$-\int_C^{C+l}\gamma' B\frac{(U^3/gh)_x^m}{(U^3/gh)_C^m}\Delta c_C \mathrm{d}l = \left[\left(\varphi\frac{Q^{1.6}J^{1.2}}{B^{0.6}}\right)_C - (QS)_{沿C+l}\right]\Delta T \tag{2-13}$$

同样可求得溯源冲刷后的河床形态与沿程输沙过程。本模式考虑了水流条件对冲刷深度的直接影响，冲刷后的剖面形态受初始形态和水流条件共同影响，更符合实际。

2.2.3　模型验证

2.2.3.1　小浪底水库模型试验资料验证

通过模型试验,在小浪底2006年汛后地形的基础上,选取1978～1982年水沙系列作为入库条件,施放后库区累计淤积量达到32亿 m^3,在此地形基础上进行溯源冲刷试验,试验水沙条件见表2-1。表2-2为计算沙量与实测沙量统计。可以看出,计算库区冲淤量与实测值基本相当,个别河段冲刷量稍小。

表2-1　计算水沙过程及坝前控制条件

日序	入库流量（m^3/s）	坝前水位（m）	入库含沙量（kg/m^3）	细沙比例（%）	中沙比例（%）	粗沙比例（%）
1	677	220.8	47.1	32.6	23.9	43.5
2	890	215.9	86.3	50.1	24.5	25.4
3	1 840	210.9	165.8	55.2	25.3	19.5
4	1 710	210.2	101.2	82.9	12.0	5.1
5	3 250	211.1	118.2	67.8	26.0	6.2
6	2 850	210.8	340.0	41.5	31.0	27.5
7	3 410	210.0	290.3	46.7	35.5	17.8
8	2 820	209.9	175.9	53.4	28.0	18.6
9	2 820	210.2	175.9	53.4	28.0	18.6
10	2 820	210.1	175.9	53.4	28.0	18.6
11	1 880	210.0	121.8	43.2	31.7	25.1
12	1 550	209.8	75.5	71.0	17.6	11.4

表2-2　分段冲淤量对比　　（单位:亿 m^3）

组次	HH10以下	HH1—HH18	HH18—HH24	HH24—HH31	HH31—HH38	HH38—HH56	支流	干流	合计
实测	-0.89	-0.82	-0.46	-0.38	0.32	0.46	-0.09	-1.77	-1.86
计算	-0.85	-0.77	-0.38	-0.35	0.34	0.44	0	-1.57	-1.57
误差	0.04	0.05	0.08	0.03	0.02	-0.02	0.09	0.20	0.29

图2-5为采用数学模型计算的河底高程变化和对比图(HH37断面以下)。可以看出,计算河段整个冲刷过程及最终淤积面形态与物理模型基本相同。

2.2.3.2　三门峡水库实测资料验证分析

采用三门峡水库1964年溯源冲刷前实测地形、1964年10月25日至1965年4月30日实测水沙系列,进行溯源冲刷验证。表2-3为计算沙量与实测沙量统计。可以看出,两种方案下计算库区冲淤量均与实测值比较接近,最

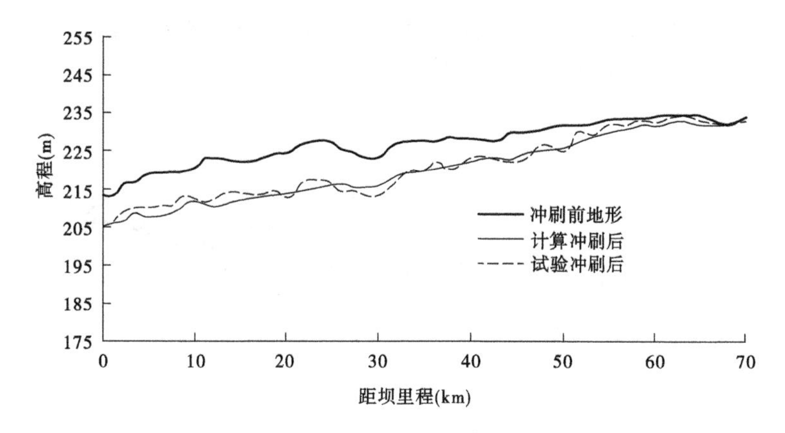

图 2-5　河底高程对比

大误差在 0.1 亿 t 左右。

表 2-3　计算沙量与实测沙量统计

组次	入库沙量 (亿 t)	出库沙量 (亿 t)	库区冲淤量 (亿 t)
计算	2.06	7.14	-5.08
实测	2.06	7.18	-5.12

图 2-6 为计算出库含沙量与试验值对比图。可以看出,计算含沙量过程与实测含沙量趋势基本相同、峰值相当,基本模拟出了水库溯源冲刷期间泥沙出库过程。

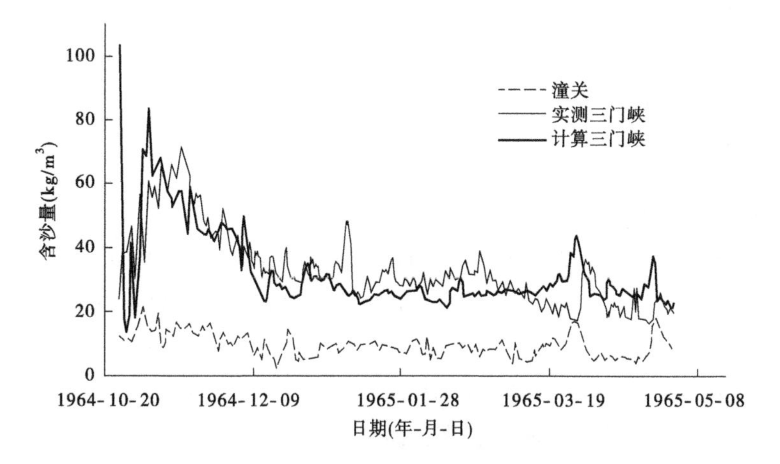

图 2-6　出库含沙量对比分析

图 2-7 为计算河底高程变化图。可以看出，溯源冲刷在上游逐步向上游发展，至计算时段末基本与实测值符合。

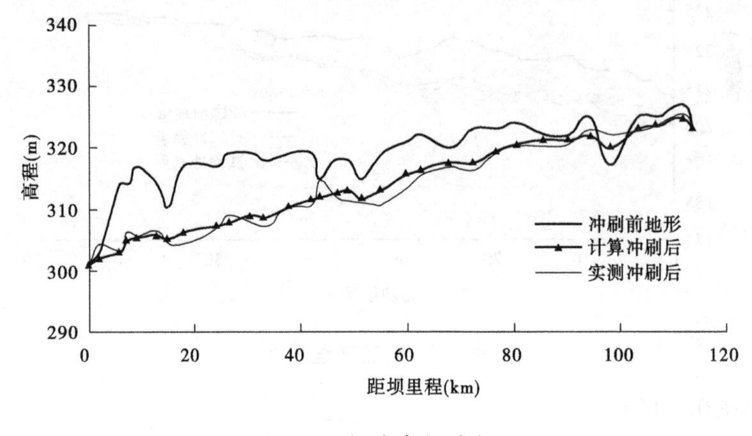

图 2-7　河底高程对比

2.3　水库－河道高含沙洪水数学模型验证

为检验改进模型对高含沙洪水的适用性，计算分析黄河中游水库（三门峡水库、小浪底水库）与黄河下游河道的两次长时段水沙运动过程，河道计算考虑伊洛河及沁河水量汇入。分别选择 1976 年 10 月 1 日至 1977 年 9 月 30 日和 2002 年 10 月 1 日至 2004 年 9 月 30 日两个较长计算时段。第一时段由于尚未修建小浪底水库，计算包括三门峡水库（潼关至三门峡坝址）计算和下游计算（铁谢至利津）。第二时段计算包括三门峡水库（潼关至三门峡坝址）、小浪底（三门峡坝址至小浪底坝址）和下游计算（铁谢至利津）。计算地形均采用相应年份的实测地形。

2.3.1　1976～1977 年水沙过程

2.3.1.1　三门峡库区

计算时段（1977 年 7 月 1 日至 1977 年 8 月 30 日）内入库总水量、沙量分别为 371.91 亿 m^3 和 22.63 亿 t，其中 1977 年汛期（7 月 1 日至 9 月 30 日）为主要来沙期，来沙量为 20.51 亿 t，平均含沙量约为 140 kg/m^3；出库总水量和总沙量分别为 371.02 亿 m^3 和 22.63 亿 t，出、入库水量基本平衡，进、出沙量相差约为 1.1 亿 t，计算时段内表现为淤积。

表 2-4 给出了计算时段内水库冲淤量对比，可以看出，冲淤总量符合较

好，误差在 20% 以内。从排沙比来看，计算排沙比一般在 10% ~100% 范围内，计算排沙比过程与实测值比较接近，见图 2-8。

表 2-4　冲淤量分析　　（单位：亿 m^3）

时间（年-月-日）	实测（地形法）	计算（地形法）
1976-10-05 ~ 1977-05-18	1.14	0.92
1977-05-18 ~ 1977-10-10	0.35	0.44
合计	1.49	1.36

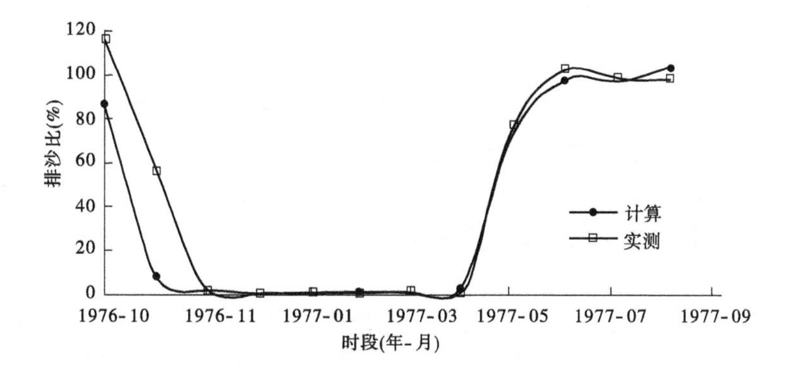

图 2-8　三门峡水库计算排沙比与实测值比较

图 2-9、图 2-10 分别为出库含沙量过程、库区河段沿程断面深泓点的计算值与实测值对比图，计算值与实测值变化趋势也吻合较好。

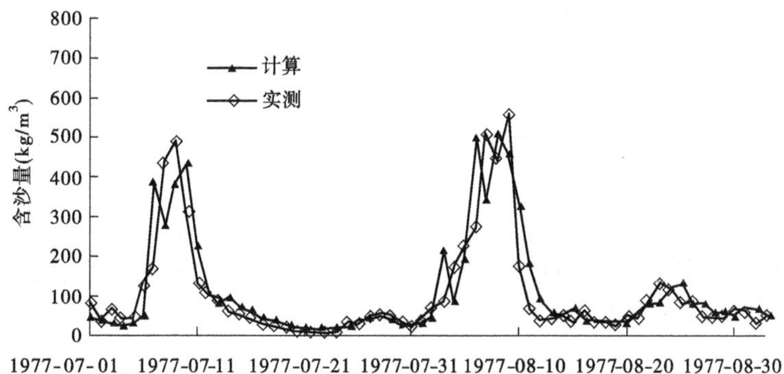

图 2-9　三门峡水库出库含沙量对比

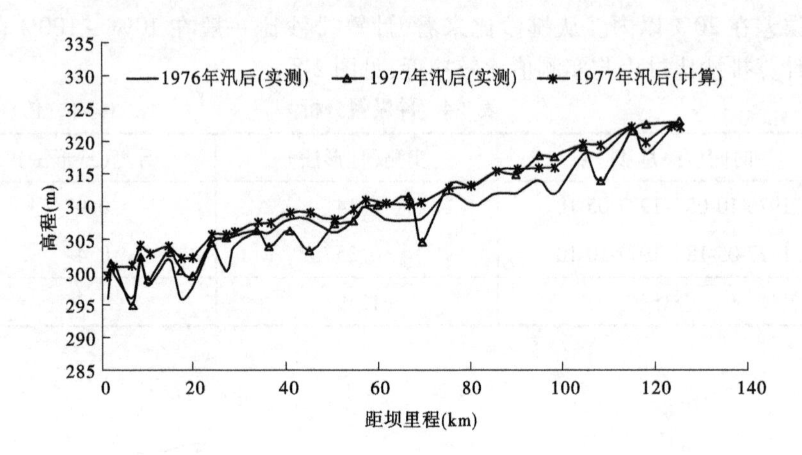

图 2-10　三门峡水库库区河段沿程断面深泓点对比

2.3.1.2　黄河下游铁谢至利津河段

以铁谢至利津河段为研究对象。铁谢作为干流进口站直接采用小浪底站水沙过程,计算中考虑伊洛河及沁河入汇影响,分别以黑石关站和武陟站实测过程汇入干流。

图 2-11 绘出了黄河下游典型水文站洪峰时段(1977 年 7 月 1 日至 8 月 31 日)流量过程图。可以看出,洪峰自上而下传播过程合理,峰值沿程有所坦化,计算值和实测值最大绝对误差在 500 m^3/s 以内,相对误差一般不超过 5%。

图 2-12 绘出了黄河下游典型水文站洪峰时段(1977 年 7 月 1 日至 8 月 31 日)含沙量过程图。可以看出,含沙量自上而下传播过程合理。由于沿程发生显著淤积,峰值沿程有所坦化;计算值和实测值最大绝对误差在 50 kg/m^3 以内,相对误差一般不超过 20%。

表 2-5 给出了淤积量统计成果。可以看出,各河段冲淤特性一致,量值基本相当,全河段冲淤量接近。计算结果表明,主槽和滩地均呈现淤积趋势,花园口—孙口河段滩地淤积为主,该河段滩地广阔,上滩洪水将大量泥沙落淤在滩地。孙口—利津河段淤积量站全河段比重较小,河道相对较窄,洪水上滩后仍能归槽,滩地和主槽均有淤积,淤积量相当。

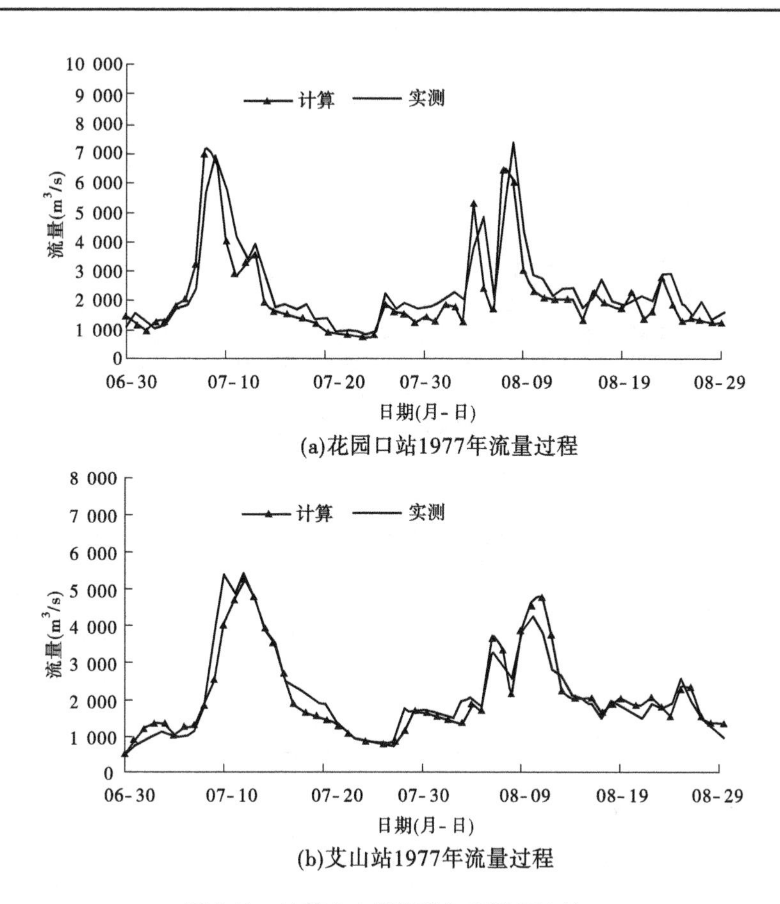

(a)花园口站1977年流量过程

(b)艾山站1977年流量过程

图 2-11　计算水文站流量与实测值比较

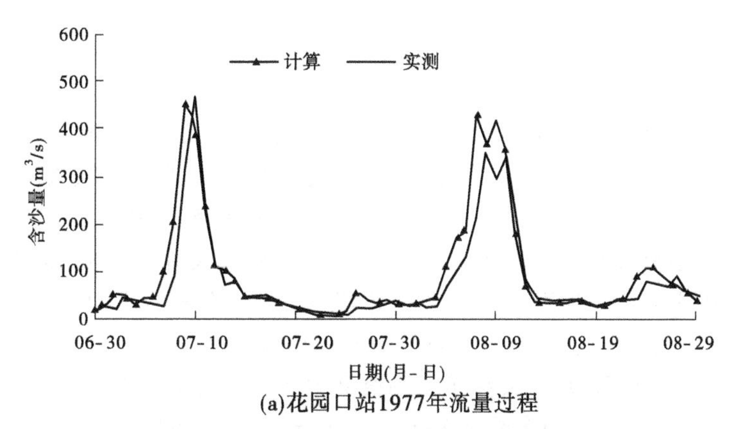

(a)花园口站1977年流量过程

图 2-12　计算水文站含沙量与实测值比较

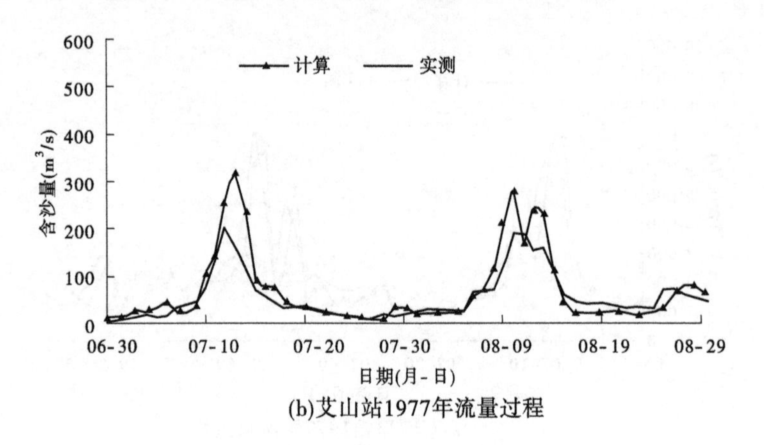

(b)艾山站1977年流量过程

续图 2-12

表 2-5 冲淤量统计成果 (单位:亿 m³)

项目		铁—花	花—夹	夹—高	高—孙	孙—艾	艾—泺	泺—利	全河段
计算	主槽	-0.02	0.19	0.16	0.13	0.12	0.16	0.12	0.86
	滩地	0.34	2.22	0.97	0.69	0.10	0.16	0.15	4.63
	全断面	0.32	2.41	1.13	0.82	0.22	0.32	0.27	5.49
实测(全断面)地形法		-0.68	2.74	1.03	0.49	0.18	0.23	0.52	4.51
误差		1.00	-0.33	0.10	0.33	0.04	0.09	-0.25	0.98

注:表中铁—花指铁谢—花园口,花—夹指花园口—夹河滩,夹—高指夹河滩—高村,高—孙指高村—孙口,孙—艾指孙口—艾山,艾—泺指艾山—泺口,泺—利指泺口—利津,下同。

2.3.2 2002~2004 年水沙过程

2003 年黄河流域普降大雨,特别是华西秋雨降雨量明显偏多,在黄河干支流形成了 17 次洪水过程。其中,潼关水文站 10 月 3 日发生最大洪峰流量 4 220 m³/s,最大含沙量 274 kg/m³;三门峡水库汛期降水冲刷,最大含沙量达 916 kg/m³;小浪底水库蓄水运用或调水调沙试验,最大流量 2 540 m³/s,最大含沙量 149 kg/m³。2003 年黄河中下游洪水,洪峰流量不大,但是持续时间长,自 8 月中旬至 10 月中旬,持续时间长达 50 多 d。

2004 年 8 月黄河中游发生了一场典型的高含沙洪水过程,潼关站最大洪峰流量 2 300 m³/s,最大含沙量 366 kg/m³。经三门峡水库调节,出库最大流量 2 960 m³/s,最大含沙量 346 kg/m³;三门峡水库排出的高含沙洪水在小浪底水库形成异重流，小浪底出库最大流量 2 590 m^3/s，最大含沙量 352 kg/m^3，异重流高含沙洪水在黄河下游演进中出现了洪峰增值现象，洪水流量由小浪底演进至花园口，扣除伊洛河、沁河加水，洪峰流量增加 1 360 m^3/s，花园口站最大洪峰流量达到 4 150 m^3/s。

选择 2002 年 10 月 1 日至 2004 年 9 月 30 日为计算时段，2002 年汛后实测地形作为初始条件，对水库、河道模型进行验证改进。

2.3.2.1　三门峡水库验证分析

表 2-6 和表 2-7 分别为计算时段内水库冲淤量和冲淤过程，计算时段内总出库沙量为 11.03 亿 t，实测沙量为 10.58 亿 t，相差 0.45 亿 t，相对误差小于 10%；从历时来看，淤积总体变化趋势符合较好，分时段淤积量有所偏差，但最大误差在 20% 以内，满足工程要求。从排沙比来看，计算排沙比一般在 60% ~130% 范围内，与实测排沙比接近，定量有所差别。

表 2-6　冲淤量分析统计　（单位：亿 t）

时间（年-月-日）	实测（地形法）	计算（地形法）
2002-10-05 ~ 2003-05-25	0.83	0.45
2003-05-26 ~ 2003-10-20	-2.2	-1.85
2003-10-21 ~ 2004-06-10	0.85	0.69
2004-06-10 ~ 2004-09-30	-0.41	-0.33
合计	-0.93	-1.04

为进一步分析模拟验证成果的合理性，对出库沙量较大的 2003 年和 2004 年主汛期（7 月 1 日至 8 月 30 日）出库含沙量过程作了分析。由图 2-13 可以看出，计算出库含沙量过程与实测出库含沙量过程基本符合。

表 2-7　出库沙量及排沙比分析统计

时段（年-月-日）	入库沙量（亿 t）	出库沙量（亿 t）		冲淤量（输沙率亿 t）		排沙比（%）	
		计算	实测	计算	实测	计算	实测
2002-10-01 ~ 2003-06-30	0.84	0.26	0.11	0.59	0.73	61.75	13.07
2003-07-01 ~ 2003-09-30	3.90	5.20	5.75	-1.30	-1.85	130.42	147.50
2003-10-01 ~ 2004-06-30	2.38	2.72	2.03	-0.34	0.35	69.80	85.14
2004-07-01 ~ 2004-09-30	2.53	2.85	2.69	-0.32	-0.17	97.32	106.56
合计	9.65	11.03	10.58	-1.37	-0.94	100.78	109.64

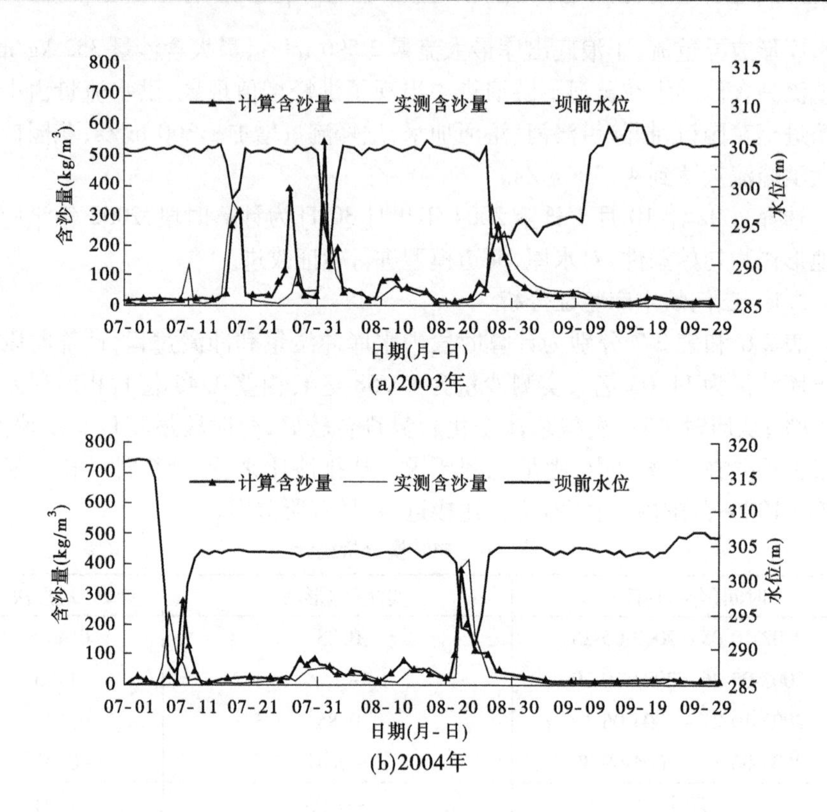

图 2-13 三门峡水库出库含沙量对比

图 2-14 为库区河段内计算与实测沿程断面深泓对比图。可以看出,计算河段内断面深泓变化与实测河段内断面深泓变化基本吻合,无论是沿程冲淤还是近坝段溯源冲刷,基本能够反映河床变形的特征。

2.3.2.2 小浪底水库验证计算

表 2-8 和表 2-9 分别为计算时段内水库冲淤量和冲淤过程,时段内总出库沙量为 2.53 亿 t,实测值为 2.57 亿 t,计算值与实测值相当;从历时来看,淤积总体变化趋势符合较好,分时段淤积量有所偏差,绝对误差一般在 0.5 亿 t 以内,满足工程要求。从排沙比来看,计算排沙比一般在 8% ~55% 范围内,与实测排沙比接近,定量有所差别。

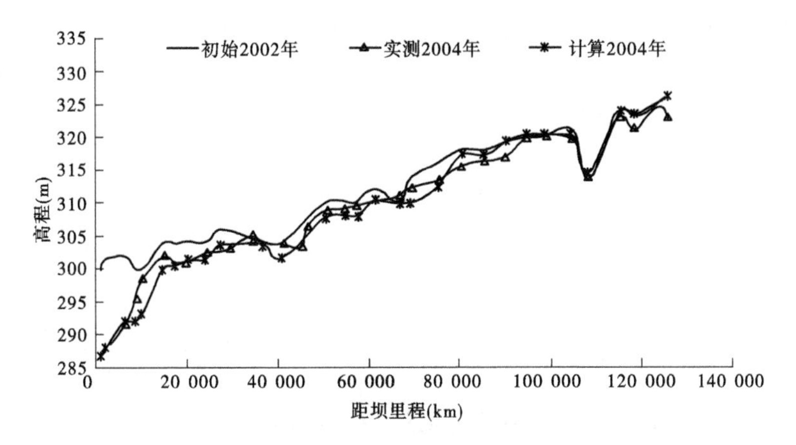

图 2-14　三门峡水库纵剖面形态

表 2-8　冲淤量分析统计　（单位：亿 t）

时段(年-月)	实测(地形法)	计算(地形法)
2002-10 ~ 2003-05	0.25	0.07
2003-05 ~ 2003-11	4.60	4.80
2003-11 ~ 2004-05	0.20	0.37
2004-05 ~ 2004-10	1.20	0.95
合计	6.25	6.19

表 2-9　出库沙量及排沙比分析统计

时段(年-月-日)	入库沙量(亿 t)	出库沙量(亿 t)		冲淤量(输沙率)(亿 t)		排沙比(%)	
		计算	实测	计算	实测	计算	实测
2002-10-01 ~ 2003-06-30	0.11	0.02	0.04	0.09	0.07	22.37	37.69
2003-07-01 ~ 2003-09-30	5.75	0.49	0.89	5.25	4.86	8.58	15.49
2003-10-01 ~ 2004-06-30	2.03	0.56	0.22	1.47	1.81	27.57	10.76
2004-07-01 ~ 2004-09-30	2.69	1.46	1.42	1.24	1.27	54.10	52.80
合计	10.58	2.53	2.57	8.05	8.01	23.95	24.31

图 2-15 分别为小浪底水库出库含沙量过程对比图，计算出库含沙量过程与实测出库含沙量过程基本符合。由于泥沙计算为恒定流模式，无法模拟出

入库高含沙洪水过后，库区浑水仍可维持出库具有一定的含沙量，并且逐渐衰减的过程；计算出库含沙量主要受坝前水位和出库流量影响，未直接反映库区蓄水体的掺混调整作用。

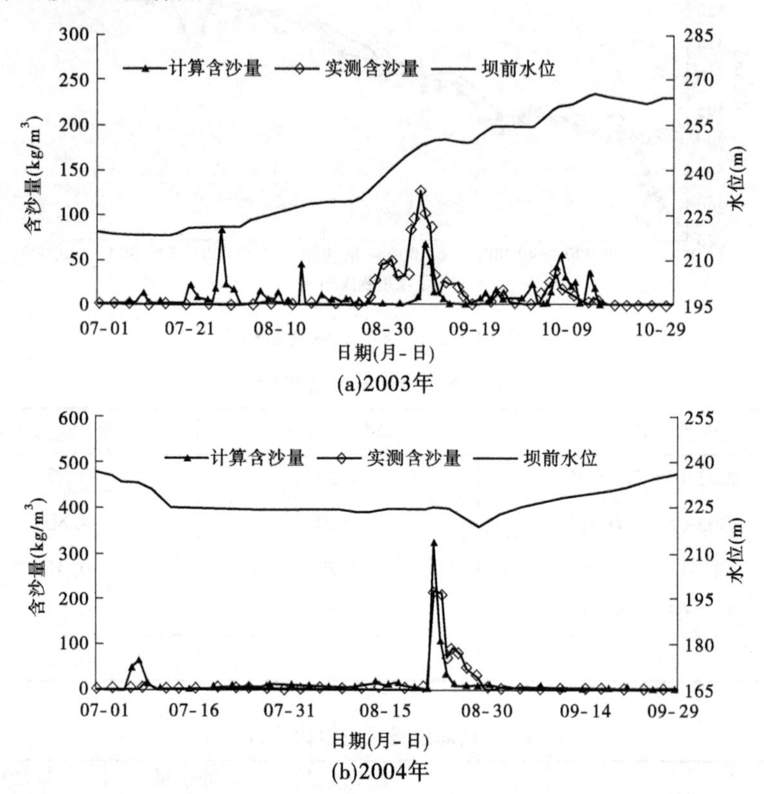

图2-15　小浪底水库出库含沙量对比

图2-16为库区河段内计算与实测沿程断面深泓对比图。可以看出，2002～2004年库区中段发生了剧烈淤积，三角洲推进明显；计算河段内断面深泓变化与实测基本吻合，能基本反映三角洲淤积过程和特性。

2.3.2.3　黄河下游验证计算

图2-17绘出了沿程各站第一场洪水含沙过程，计算结果与实测过程基本一致，传播过程合理，计算值和实测值最大绝对误差在200 m^3/s以内，最大相对误差一般不超过5%。

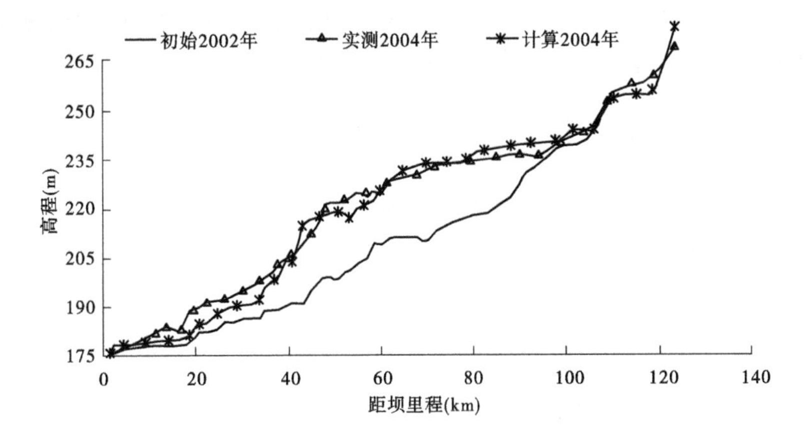

图2-16　小浪底水库纵剖面形态

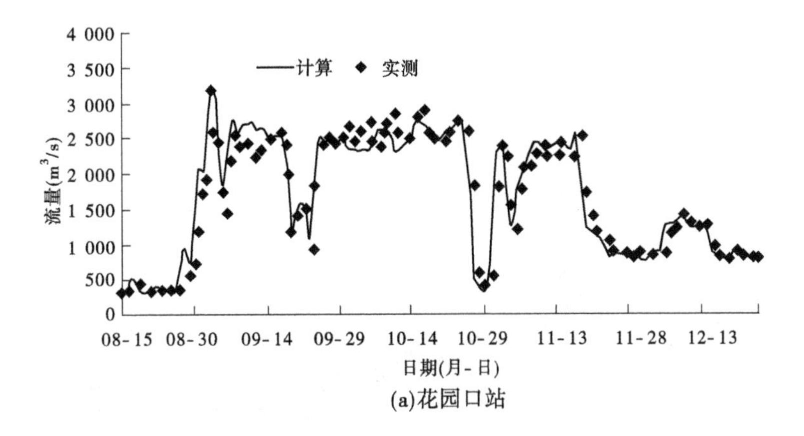

(a)花园口站

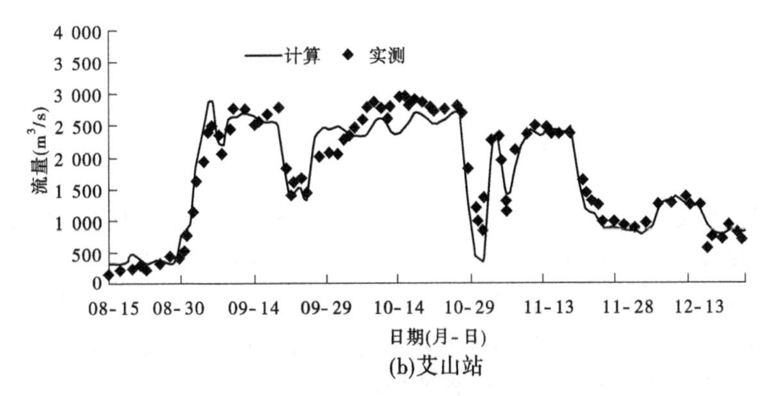

(b)艾山站

图2-17　洪水传播过程(2003年)

图 2-18 绘出了沿程各站第一场洪水含沙量过程,含沙量自上而下传播过程合理,峰值相当,能基本反映该场洪水的泥沙传播特性,但在小水阶段,计算值比实测值略小。

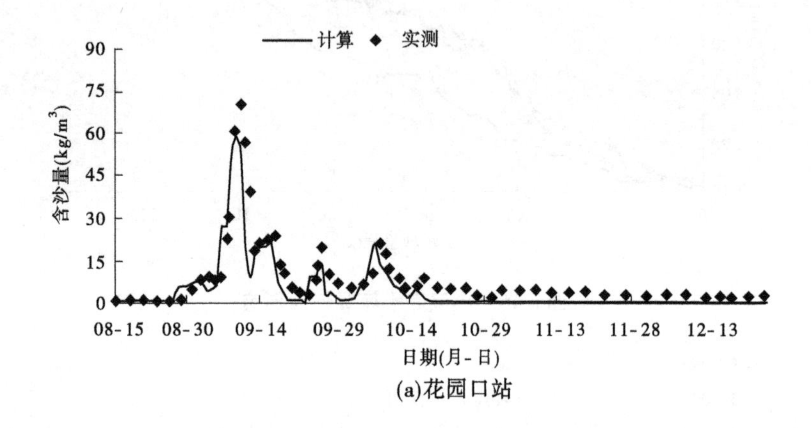

(a)花园口站

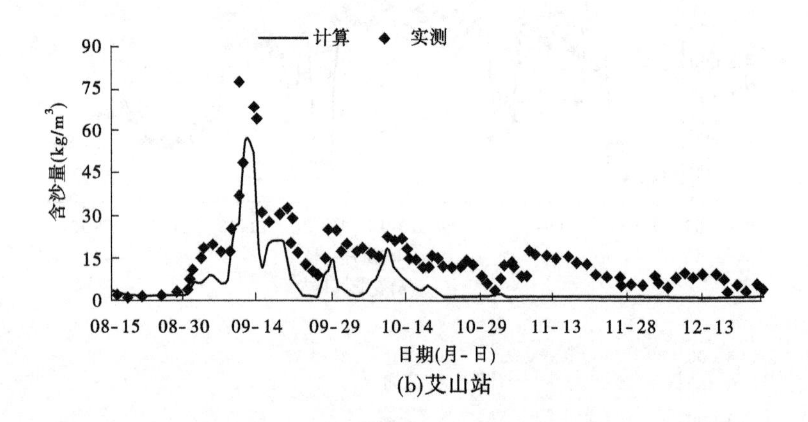

(b)艾山站

图 2-18 含沙量传播过程(2003 年)

图 2-19 绘出了黄河下游典型水文站"04·8"洪水流量过程。可以看出,花园口站计算洪峰流量与实测值符合较好;在艾山站,无论是洪峰值还是洪峰前后小流量过程,计算值都明显小于实测值。图 2-20 绘出了黄河下游典型水文站"04·8"洪水含沙量的时间变化过程。花园口站和艾山站的沙峰峰值和相位实测值计算结果符合较好,含沙量自上而下传播过程合理,能基本反映该场洪水的泥沙传播特性。

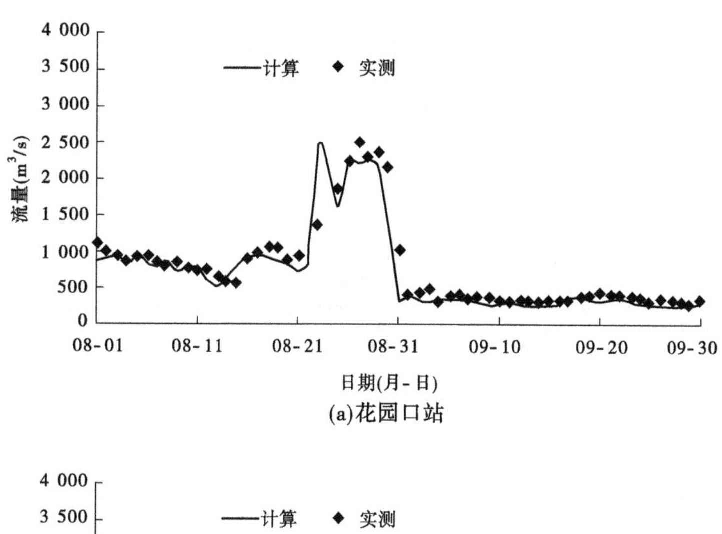

(a)花园口站

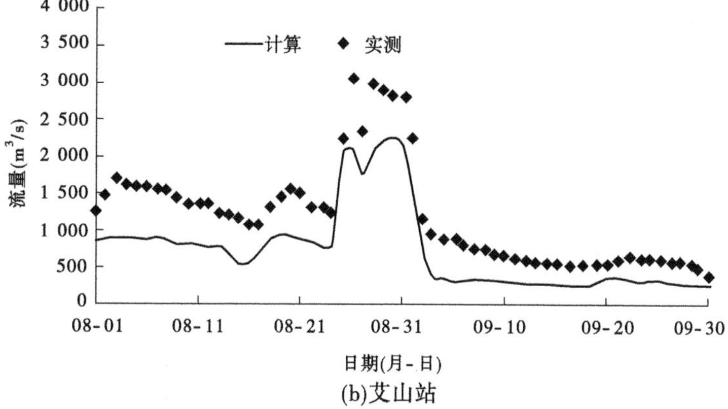

(b)艾山站

图 2-19　黄河下游典型水文站"04·8"洪水流量过程

表 2-10 给出了冲淤量统计成果。可以看出,各河段冲淤特性一致,量值基本相当,全河段冲淤量接近。从计算结果来看,各河段均呈现冲刷趋势,其中铁谢—花园口、花园口—夹河滩段冲刷量较大,在 1 亿 m^3 以上,整个下游冲刷 5 亿 m^3 左右,冲刷效果明显。同时表明,沿程冲刷主要发生在艾山以上河段(实测比例为 75%,计算比例为 79.8%),特别是高村以上的河段。

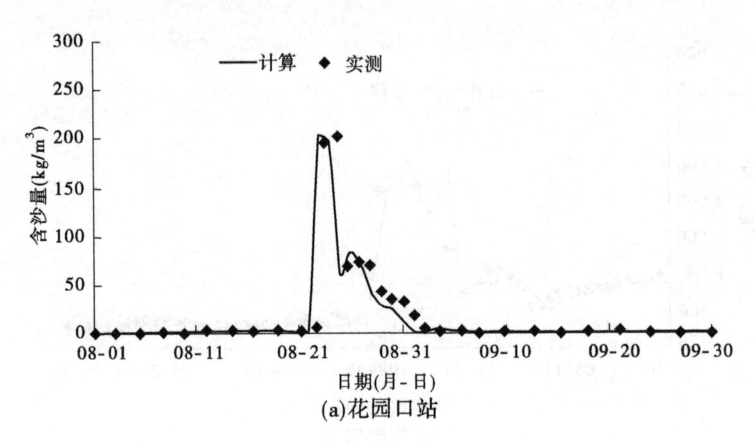

(a)花园口站

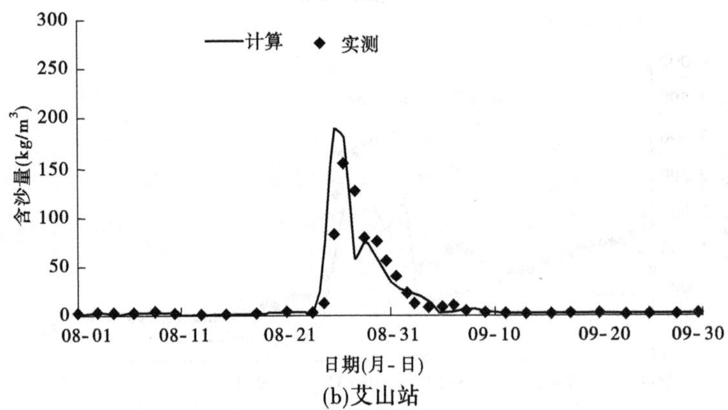

(b)艾山站

图 2-20　黄河下游典型水文站"04 · 8"洪水含沙量过程

表 2-10　冲淤量统计成果　（单位：亿 m^3）

项目	铁—花	花—夹	夹—高	高—孙	孙—艾	艾—泺	泺—利	全河段
计算（全断面）地形法	-1.64	-1.17	-0.69	-0.87	-0.41	-0.50	-0.71	-5.99
实测（全断面）地形法	-1.21	-1.20	-0.44	-0.35	-0.18	-0.45	-0.67	-4.50
误差	-0.43	0.03	-0.25	-0.52	-0.23	-0.05	-0.04	-1.49

第3章　高含沙洪水调控思路

3.1　总体思路

根据黄河高含沙洪水在水库、下游河道的冲淤规律，以及研究提出的水沙调控指标，针对不同类型的高含沙洪水、不同水沙系列（丰、平、枯），利用水库、河道水动力学模型，进行三门峡、小浪底及下游河道冲淤方案计算及优化，以维持黄河下游主槽冲淤基本平衡为主要目标，兼顾提高小浪底水库排沙比及水资源利用效率等，提出不同类型高含沙洪水的调控思路及调控技术方案。

第一类高含沙洪水，即沙量大于10亿t的漫滩高含沙洪水，调控思路为充分利用漫滩洪水的淤滩刷槽特性，在防洪安全的前提下，尽量调控出大漫滩洪水，利用滩地库容滞沙，达到维持主槽不萎缩的目的。

第二类高含沙洪水，即沙量大于4亿t、小于10亿t的一般高含沙洪水，调控思路为尽量调控出接近黄河下游平滩流量的高含沙洪水，充分利用主槽排沙能力排沙入海，最大限度地减少水库及河道主槽淤积。

第三类高含沙洪水，即沙量小于4亿t的高含沙小洪水，调控思路为尽量保持小浪底水库“空库迎峰”，充分利用目前黄河下调控出粒径较细且易于在花园口以上河段淤积的高含沙小洪水，以充分利用目前花园口以上河道较大主槽库容滞沙（暂时滞留部分泥沙，这部分泥沙可在非洪水期逐渐输移入海），维持高村以下河段主槽不萎缩。

长系列水沙过程，同样量级的高含沙洪水，处于不同的水沙系列，对黄河下游河道冲淤的影响不同，采用的调控指标应有所不同。根据未来黄河泥沙在5.5亿~6亿t的预测，考虑小浪底水库的拦沙作用，拟选取1994年7月1日至2004年6月30日作为系列年时段，该系列潼关站年均沙量为6.6亿t。

3.2　调控背景

根据水利部批复的《小浪底水利枢纽拦沙初期运用调度规程》（水利部水建管〔2004〕439号），小浪底水库运用分为三个时期，即拦沙初期、拦沙后期和正常运用期。拦沙初期即水库泥沙淤积量达到21亿~22亿m^3以前；拦沙后期为拦沙初期至库区形成高滩深槽，坝前滩面高程达254 m，相应水库泥沙淤积量75.5亿m^3；正常运用期为在长期保持254 m高程以上40.5亿m^3的防洪库容前提下，利用254 m高程以下10.5亿m^3的槽库容长期进行调水调沙运用。根据水利部批复的《小浪底水利枢纽拦沙后期（第一阶段）运用调度规程》（水利部水建管〔2009〕446号）（简称《规程》），小浪底水利枢纽拦沙后期第一阶段为水库泥沙淤积量达到42亿m^3以前。截至2011年汛后，小浪底水库淤积量已达30亿m^3左右，处于拦沙后期的第一阶段。自2000年小浪底水库运用以来，黄河下游河道主槽不断扩大，主槽过流能力最小的高村至艾山河段，平滩流量已达4 000 m^3/s以上。但是，黄河下游主槽的扩大程度沿程不均，花园口以上河段主槽扩大幅度较大，目前平滩流量在6 000 m^3/s以上。

《小浪底水库拦沙期防洪减淤运用方式研究技术报告》针对小浪底水库拦沙后期运用方式开展了深入研究，提出了包括高含沙洪水调控的拦沙后期防洪减淤推荐运用方案（简称基础方案）。基础方案指导思想为在保证水库、下游防洪安全的条件下，充分利用洪水的冲刷及输沙能力，达到延长水库拦沙运用年限、减少下游河道淤积的目标。基础方案高含沙洪水的判定指标为流量大于2 600 m^3/s、含沙量大于200 kg/m^3，对高含沙洪水的调控基本上为保持进出库流量平衡，即水库尽量减少对高含沙洪水过程的干预。

本项研究拟在基础方案的基础上，根据黄河下游不同类型高含沙洪水的冲淤规律，研究提出的关键指标，选择有代表性的高含沙洪水水沙条件及水沙系列，进行各方案的优化、比选，提出推荐调控方案。

3.3　水沙系列

高含沙洪水沙量是影响水库及河道冲淤的关键因素。但是高含沙洪水流量、持续时间等，汛期、非汛期等水沙条件，也可影响水库的调控方案。各场高含沙洪水的水沙因子如流量、含沙量等差异很大，随机性也很大。因此，本次高含沙洪水调控方案，以年为单位，选择具有代表性的高含沙洪水年份及水沙系列作为调控方案的水沙条件。上述高含沙洪水分类是依据进入黄河下游的高含沙洪水沙量进行的，考虑到目前小浪底水库正处于拦沙后期，仍具有一定的拦沙能力，所选择水沙系列沙量与对应的各类型高含沙洪水相比有所偏大。

3.3.1　第一类高含沙洪水水沙系列

自1919年有实测记录以来，黄河潼关站发生大于10亿t沙量的高含沙洪水的频次很高，约2年一次。其中，1977年为典型的高含沙洪水年份，潼关站年水量为371.91亿m^3，年沙量为22.1亿t，这样的大沙年份出现的概率为

8%，接近 10 年一遇。

1977 年黄河三门峡站相应水量、沙量分别为 330.28 亿 m^3 和 20.93 亿 t，其中汛期为主要来沙期，潼关站水量和沙量分别为 166.27 亿 m^3 和 20.65 亿 t，三门峡站相应为 163.40 亿 m^3 和 20.63 亿 t，见表 3-1。1977 年沙量主要集中在 7 月、8 月两场高含沙洪水，其特征值和水沙过程分别见表 3-2 和图 3-1、图 3-2。两场洪水潼关站最大日均流量分别为 8 920 m^3/s 和 6 650 m^3/s，最大日均含沙量分别为 490 kg/m^3 和 511 kg/m^3；7 月泥沙粒径相对较细，中值粒径为 0.04 ~0.05 mm，洪水主要来自渭河、北洛河、延水等支流的暴雨；8 月洪水泥沙粒径较粗，中值粒径为 0.03 ~0.10 mm，主要来自龙门以上偏关河至秃尾河之间的暴雨。

表 3-1　1977 年水量、沙量统计

时段（年-月-日）	潼关			三门峡		
	水量（亿 m^3）	沙量（亿 t）	平均含沙量（kg/m^3）	水量（亿 m^3）	沙量（亿 t）	平均含沙量（kg/m^3）
1976-11-01 ~1977-06-30	171.50	1.45	8.4	166.88	0.30	1.80
1977-07-01 ~1977-10-31	166.27	20.65	124.2	163.40	20.63	126.85
1976-11-01 ~1977-10-31	337.77	22.10	65.43	330.28	20.93	63.37

表 3-2　1977 年高含沙洪水水沙特征值

水文站	时段（年-月-日）	最大日均流量（m^3/s）	平均流量（m^3/s）	总水量（亿 m^3）	最大日均含沙量（kg/m^3）	平均含沙量（kg/m^3）	d_{50}（mm）	总沙量（亿 t）
潼关	1977-07-06 ~07-09	8 920	5 060	17.50	490	390.8	0.04 ~0.05	6.83
	1977-08-03 ~08-09	6 650	3 908	23.64	511	369.0	0.03 ~0.10	8.72
三门峡	1977-07-06 ~07-09	7 750	5 030	17.38	485	380.8	0.04	6.62
	1977-08-03 ~08-09	7 270	4 460	26.97	555	323.0	0.05	8.71

1977 年汛期黄河下游淤积量为 8.1 亿 t，花园口以下河段滩槽均发生了明显淤积，花园口至高村河段主槽淤积 4 亿 t，主槽萎缩严重。花园口站、高村站的平滩流量分别由 6 200 m^3/s、6 500 m^3/s 减少到 5 600 m^3/s、5 500 m^3/s。

按照未来黄河泥沙减少的预测及梯田植被覆盖率的贡献率换算，第一类

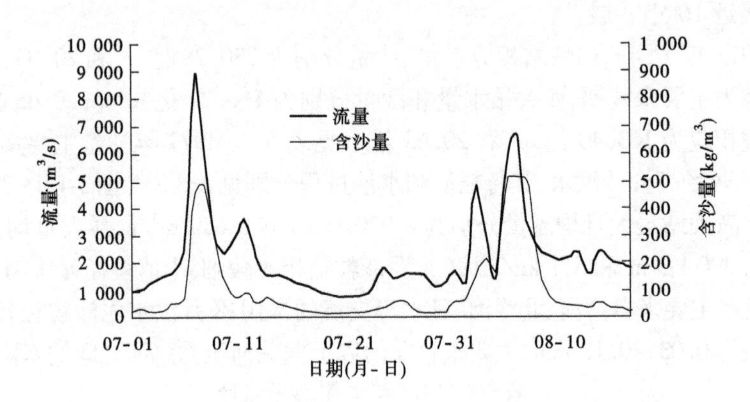

图 3-1　1977 年高含沙洪水潼关站日均流量和含沙量过程

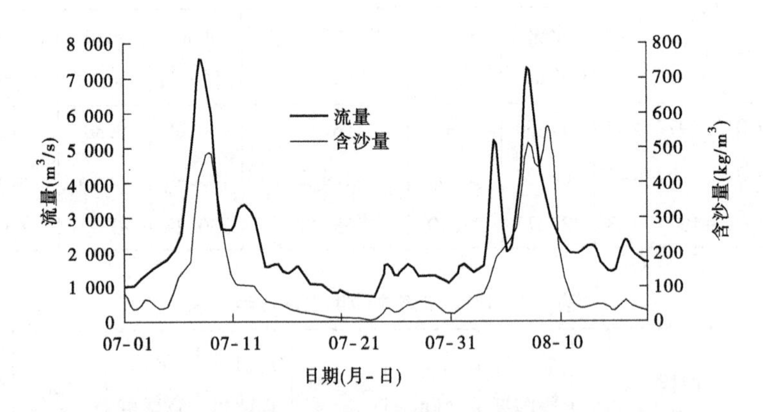

图 3-2　1977 年高含沙洪水三门峡站日均流量和含沙量过程

洪水未来出现概率很小,1977 年类型的高含沙洪水基本可以作为黄河年来沙量的上限。计算系列水沙过程为 1976 年 11 月 1 日至 1977 年 10 月 31 日。

3.3.2　第二类高含沙洪水水沙系列

1989 年潼关站年水量、沙量分别为 377 亿 m^3、8.54 亿 t,三门峡站相应水量、沙量分别为 368 亿 m^3 和 8.02 亿 t,见表 3-3。其中,汛期为主要来沙期,潼关站水量和沙量分别为 205 亿 m^3 和 6.59 亿 t,三门峡站相应水量、沙量分别为 199 亿 m^3 和 7.53 亿 t。

表3-3 1988～1989年水量、沙量统计

时段（年-月-日）	潼关			三门峡		
	水量（亿 m^3）	沙量（亿 t）	平均含沙量（kg/m^3）	水量（亿 m^3）	沙量（亿 t）	平均含沙量（kg/m^3）
1988-11-01～1989-06-30	172	1.95	11.30	169	0.49	2.90
1989-07-01～1989-10-31	205	6.59	32.15	199	7.53	37.84
总计	377	8.54	22.65	368	8.02	21.80

图3-3为1989年汛期潼关站水沙过程。该汛期发生两场洪水，第一场为7月18日至7月27日，日均洪峰流量为5 770 m^3/s，日均含沙量峰值为323.6 kg/m^3，该场洪水水量为17.15亿 m^3，沙量为2.80亿 t；第二场洪水为8月18日至9月30日，历时较长，日均洪峰流量为4 770 m^3/s、含沙量峰值为54.1 kg/m^3、该场洪水水量为110亿 m^3、沙量为3.02亿 t。

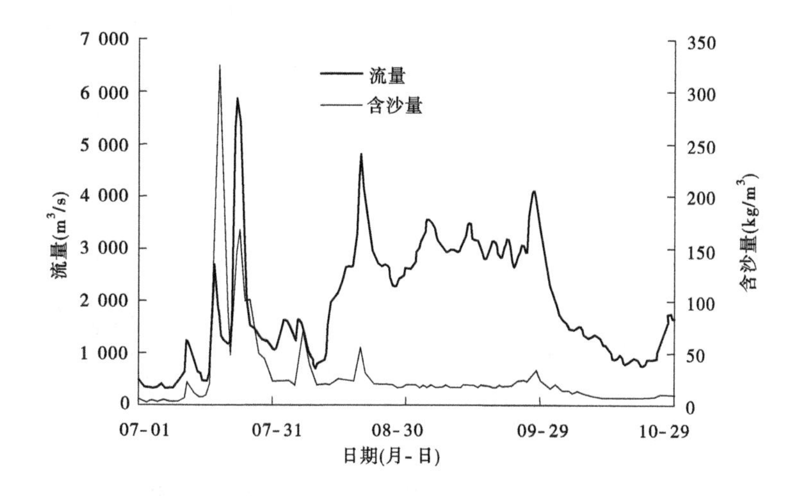

图3-3 1989年汛期潼关站日均流量和含沙量过程

选择1989年水沙系列作为第二类高含沙洪水典型年系列，计算系列水沙过程为1988年11月1日至1989年10月31日。

3.3.3 第三类高含沙洪水水沙系列

2002年潼关站年水量、沙量分别为180亿 m^3、4.50亿 t，三门峡站相应水量、沙量分别为159亿 m^3和4.47亿 t。其中，汛期为主要来沙期，潼关站水量

和沙量分别为58 亿 m^3 和2.64 亿 t,三门峡站相应水量、沙量分别为50 亿 m^3 和3.49 亿 t,见表3-4。图3-4 为2002 年汛期潼关站水沙过程。该汛期基本无大水,仅在7 月上旬发生一场日均洪峰为2 060 m^3/s 的小洪水,其余时段日均流量基本在1 000 m^3/s 以下;整个汛期有4 次峰值为150 ~ 200 kg/m^3 的含沙量过程,是沙量较少的高含沙洪水系列。2002 年潼关站年沙量,是未来最常见的高含沙洪水类型。因此,选择2002 年水沙系列作为第三类高含沙洪水典型年系列,计算水沙过程为2001 年11 月1 日至2002 年10 月31 日。

表3-4 2001 ~ 2002 年水量、沙量统计

时段（年-月-日）	潼关			三门峡		
	水量（亿 m^3）	沙量（亿 t）	平均含沙量（kg/m^3）	水量（亿 m^3）	沙量（亿 t）	平均含沙量（kg/m^3）
2001-11-01 ~ 2002-06-30	122	1.86	15.25	109	0.98	8.99
2002-07-01 ~ 2002-10-31	58	2.64	45.52	50	3.49	69.80
总计	180	4.50	25.00	159	4.47	28.11

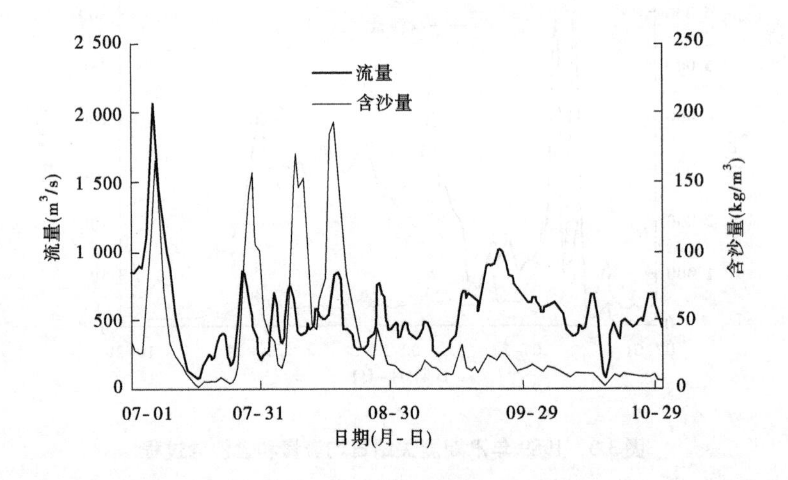

图3-4 2002 年汛期潼关站日均流量和含沙量过程

3.3.4 长系列水沙过程

选取1994 年7 月1 日至2004 年6 月30 日作为系列年时段,潼关站年水量、沙量分别为211.24 亿 m^3 和6.60 亿 t,见表3-5。该系列共有11 场高含沙洪水,见表3-6。

表 3-5　1994～2004 年水量、沙量统计

时段（年-月-日）	潼关			三门峡		
	水量（亿 m³）	沙量（亿 t）	平均含沙量（kg/m³）	水量（亿 m³）	沙量（亿 t）	平均含沙量（kg/m³）
1994-07-01～1994-10-31	133.30	10.30	77.30	131.60	12.13	92.16
1994-11-01～1995-06-30	140.88	1.87	13.27	134.19	0	0.03
1995-07-01～1995-10-31	113.73	6.78	59.64	113.15	8.22	72.61
1995-11-01～1996-06-30	127.45	2.01	15.79	120.67	0.14	1.18
1996-07-01～1996-10-31	127.97	9.63	75.22	116.87	11.01	94.22
1996-11-01～1997-06-30	104.73	1.22	11.65	95.54	0.03	0.35
1997-07-01～1997-10-31	55.56	4.11	74.00	50.28	4.25	84.60
1997-11-01～1998-06-30	105.78	2.17	20.52	94.46	0.26	2.80
1998-07-01～1998-10-31	86.14	4.26	49.50	79.57	5.46	68.65
1998-11-01～1999-06-30	120.58	1.63	13.51	104.57	0.07	0.67
1999-07-01～1999-10-31	96.97	3.73	38.42	87.28	4.91	56.26
1999-11-01～2000-06-30	114.75	1.54	13.45	99.38	0.23	2.36
2000-07-01～2000-10-31	73.08	1.97	26.95	67.23	3.34	49.63
2000-11-01～2001-06-30	96.89	0.66	6.78	80.90	0	0
2001-07-01～2001-10-31	61.13	2.71	44.40	53.81	2.94	54.65
2001-11-01～2002-06-30	122.48	1.86	15.21	108.08	0.98	9.08
2002-07-01～2002-10-31	58.12	2.64	45.37	50.43	3.49	69.29
2002-11-01～2003-06-30	80.99	0.67	8.28	69.87	0	0.07
2003-07-01～2003-10-31	156.75	5.38	34.35	146.86	7.76	52.81
2003-11-01～2004-06-30	135.11	0.83	6.17	114.30	0	0
年均	211.24	6.60	31.24	191.90	6.52	

表 3-6 1994～2004 年潼关站高含沙洪水分布及特征值

年份	洪水场次	场次 1		场次 2		场次 3	
		日均洪峰 (m^3/s)	日均沙峰 (kg/m^3)	日均洪峰 (m^3/s)	日均沙峰 (kg/m^3)	日均洪峰 (m^3/s)	日均沙峰 (kg/m^3)
1994	3	4 020	264	5 610	273	3 280	272
1995	1	660	244				
1996	3	2 280	284	3 140	375	3 460	250
1997	1	3 580	385				
1999	1	1 950	359				
2001	1	2 470	344				
2003	1	2 560	243				
合计	11						

3.4 数学模型计算边界条件

数学模型计算中，包括三门峡水库、小浪底水库、黄河下游铁谢—利津河道共 3 个模型。计算中水库、河道边界采用 2013 年汛后实测地形。

分别利用水库一维、河道一维水动力学模型，以黄河小浪底水库来沙后期第一阶段方案（黄河水利委员会上报的方案）为基础方案，进行方案优化计算。

2014 年汛前黄河下游艾山平滩流量最小值为 4 250 m^3/s，高村以上河段平滩流量都在 6 000 m^3/s 以上。

数学模型计算中，断面分为主槽和滩地，分别给定初始糙率，主槽为 0.011～0.015，嫩滩为 0.025，老滩为 0.035。计算过程中考虑伊洛河及沁河水沙汇入，分别以黑石关站和武陟站实测过程汇入干流，按照近年平均考虑沿程引水及损耗，并设置东平湖分流。

三门峡水库计算出库水沙、级配过程作为小浪底水库的进口条件，小浪底模型计算出库水沙、级配过程作为黄河下游水沙数学模型计算的进口条件，悬沙按照 7 组处理，分界粒径分别为 0.008 mm、0.016 mm、0.031 mm、0.062 mm、0.125 mm、0.25 mm。

第4章　高含沙洪水调控基础方案

以潼关站水沙过程为进口条件,进行三门峡水库、小浪底水库及黄河下游河道调控方案计算。三门峡水库采用现状运用方案,不进行方案优化计算;调控方案主要针对小浪底水库进行,以基础方案为基准进行各种方案的水库及黄河下游河道冲淤计算,进而提出优化方案。

4.1　三门峡水库调控方案

按照汛期和非汛期分别设置三门峡水库运用方式,见图4-1。图中箭头连线:纵向代表"是",横向代表"否",下同。

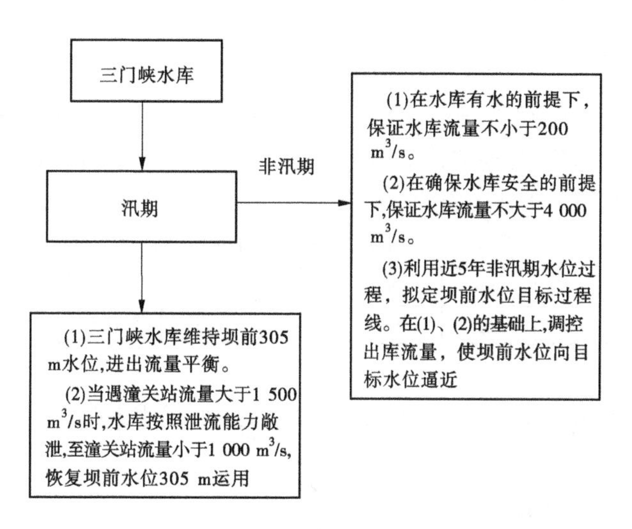

图4-1　三门峡水库运用方式

4.1.1　非汛期

首先利用近5年(2010~2014年)非汛期实测坝前水位资料,拟定非汛期坝前水位过程曲线(见图4-2);然后将该曲线作为逐日目标水位,在确保最小出库流量(200 m^3/s)和最大流量(4 000 m^3/s)的情况下,调控出库流量过程,使三门峡水库坝前水位向拟定曲线靠近。

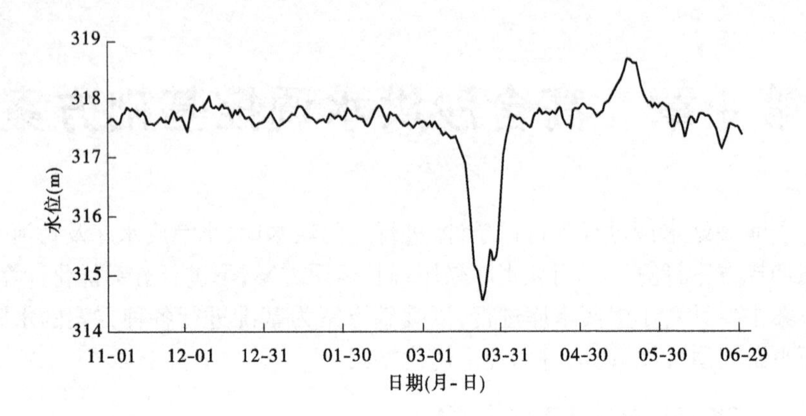

图 4-2 三门峡水库非汛期坝前水位拟合曲线(2010～2014 年)

由图 4-2 可见,非汛期水位基本维持在 318 m 以下,在 3 月有一次降水冲刷潼关高程的过程,水库降水至 315 m 以下。

4.1.2 汛期

正常运用期维持水位 305 m,保持进出流量平衡;遇大洪水(流量大于 1 500 m^3/s)进入防洪运用,根据泄流能力进行敞泄;待洪峰流量小于 1 000 m^3/s 后,防洪调度结束,回归正常运用,维持 305 m 水位。三门峡水库泄流曲线见表 4-1。

表 4-1 三门峡水库各级水位泄流能力

水位(m)	285	290	295	300	305	310	315
泄流能力(m^3/s)	565	1 188	2 265	3 633	5 455	7 830	9 701

4.2 小浪底水库调控基础方案(拦沙后期推荐方式)

4.2.1 非汛期运用

4.2.1.1 11 月 1 日至次年 5 月 31 日

每年 11 月至次年 5 月水库按下游供水、灌溉需求调节径流,控制运用水位不高于 275 m。供水和下泄流量见表 4-2,指令执行流程见图 4-3。

表 4-2 小浪底水库供水、灌溉下泄流量

时间	10 月	11 月	12 月	1 月	2 月	3 月	4 月	5 月	6 月	7 月上旬
流量(m^3/s)	400	400	400	350	400	650	800	650	600	800

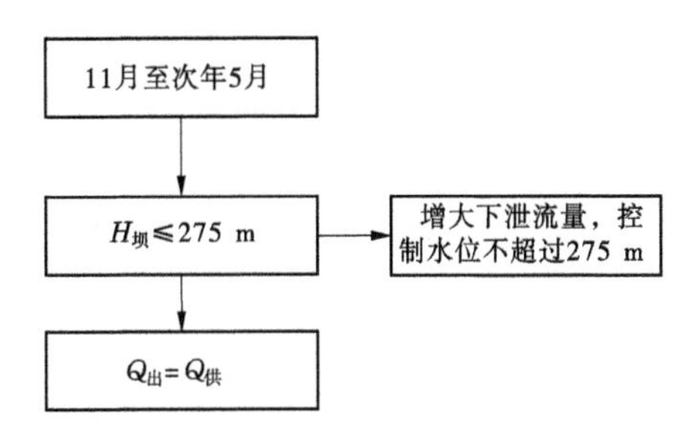

图 4-3　小浪底水库调度指令(11 月 1 日至次年 5 月 31 日)

4.2.1.2　6 月 1～30 日

根据来水情况,首先满足下游供水、灌溉需求流量 600 m^3/s,以 6 月 30 日水库水位不超过 254 m 为前提,有条件情况下预留 8 亿 m^3 左右的蓄水量(8 亿 m^3 水基本能满足 7 月上旬供水、灌溉要求);当水库有多余的蓄水量时,按小于或等于下游主槽平滩流量造峰,冲刷黄河下游河道。小浪底水库调度指令见图 4-4。

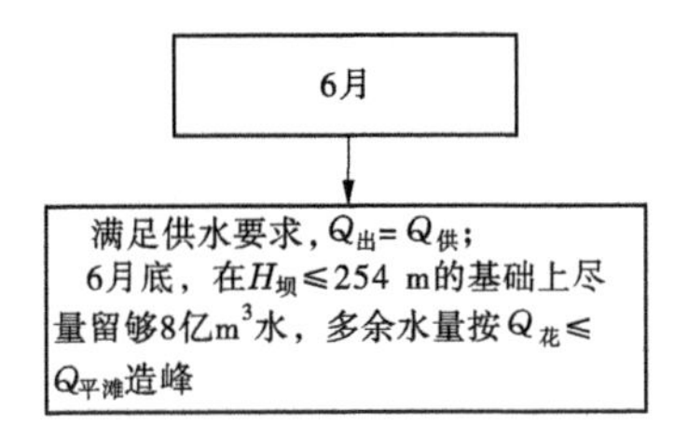

图 4-4　小浪底水库调度指令(6 月 1～30 日)

4.2.2　汛期运用

4.2.2.1　7 月 1～10 日

当入库流量加黑石关站和武陟站流量小于 4 000 m^3/s 时,为一般运用,调节指令执行流程见图 4-5;当入库流量加黑石关站和武陟站流量大于或等于 4 000 m^3/s 时,进行防洪运用,执行流程见图 4-6。

4.2.2.2　7 月 11 日至 9 月 10 日

主汛期调节指令包括一般运用和防洪运用,防洪运用与 7 月上旬相同,一般运用调节指令,见图 4-7;非防洪运用包括蓄满造峰、凑泄造峰和高含沙运用,高含沙调度指令见图4-8。

4.2.2.3 9月11～30日

防洪运用和7月上旬相同,见图4-6;非防洪调度指令见图4-9。

4.2.2.4 10月1～31日

防洪运用和7月上旬相同,见图4-6;非防洪调度指令见图4-10。

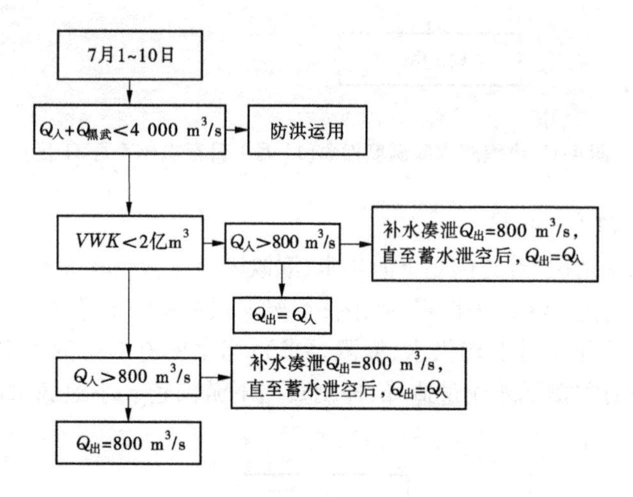

图4-5 小浪底水库一般运用(7月1～10日)

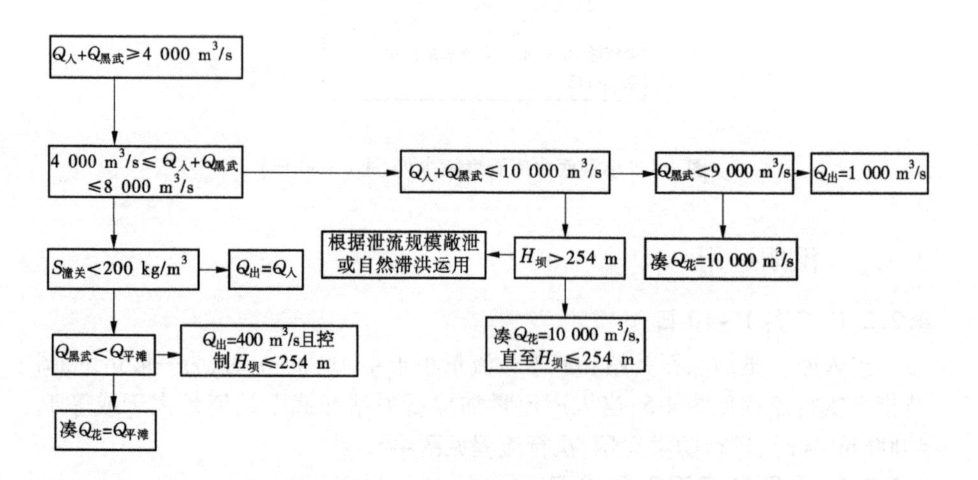

图4-6 小浪底水库防洪运用

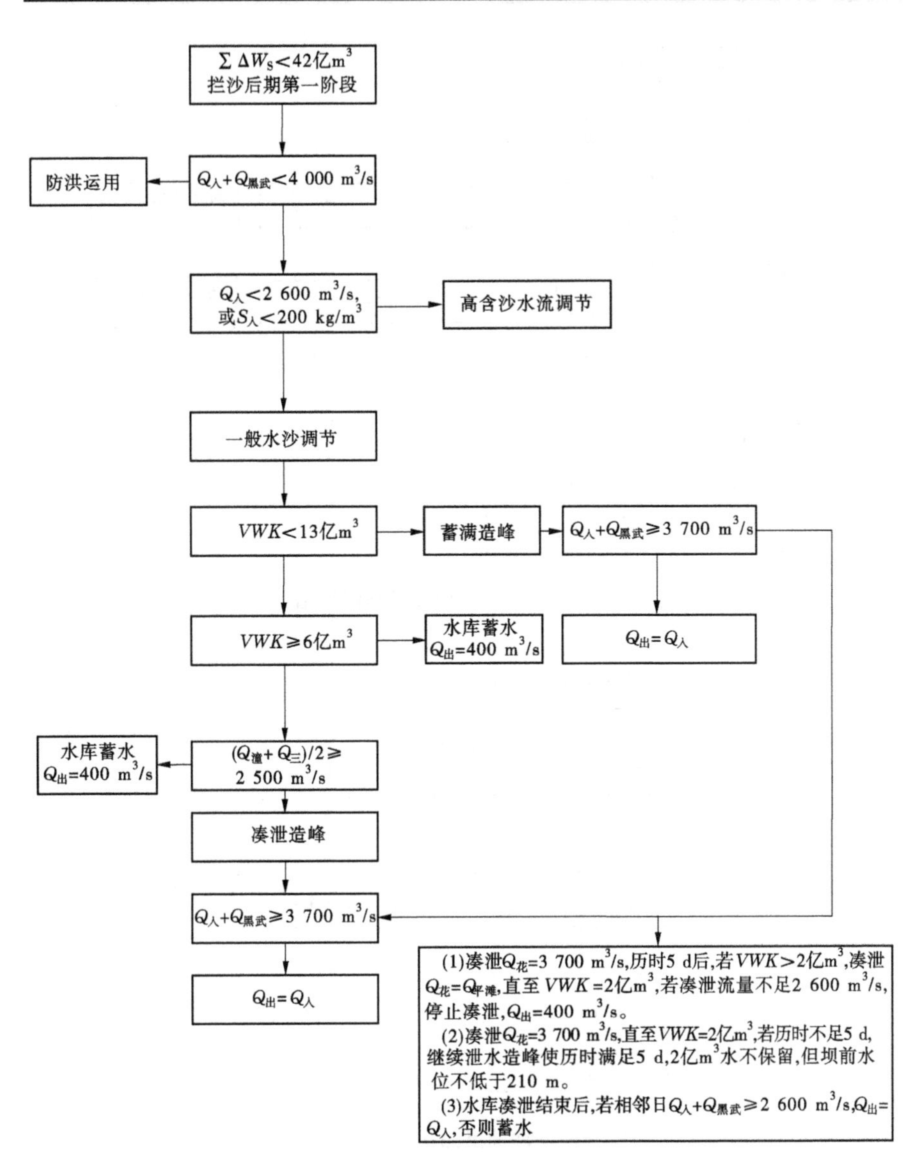

图 4-7　小浪底水库调度指令(7 月 11 日至 9 月 10 日)

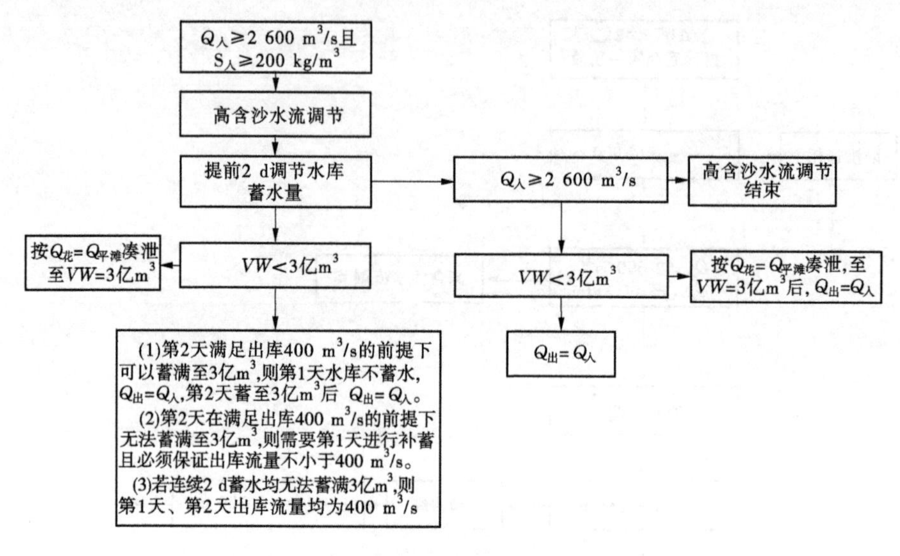

图 4-8　小浪底水库高含沙洪水调度指令

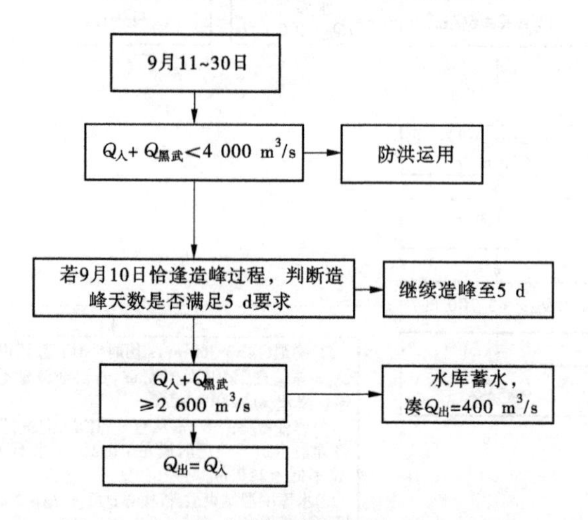

图 4-9　小浪底水库调度指令(9 月 11 ~ 30 日)

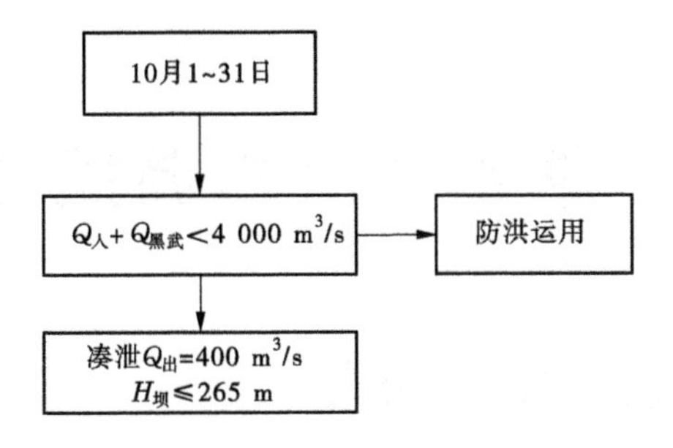

图 4-10　小浪底水库调度指令(10 月 1 ~ 31 日)

第 5 章　高含沙洪水调控比选方案

5.1　第一类高含沙洪水方案

这类洪水洪峰流量大、含沙量高，在黄河下游造成严重的泥沙淤积及洪水灾害，这类高含沙洪水是黄河下游最难调控的洪水。本节在综合洪水灾害、水库淤积、滩地滞沙、主槽淤积等因素的基础上，提出了比选方案，见表 5-1。

表 5-1　第一类高含沙洪水比选方案

方案	调控原则	调控特点
基础方案	多年调节泥沙，相机降水冲刷	时常高水位迎峰，即高含沙洪水期水库淤积较多
优化方案 1	不增加黄河下游洪水灾害，不壅高高含沙洪水时的水位	增加高含沙洪水预泄，降低迎洪水位
优化方案 2	不壅高高含沙洪水时的水位	低水位迎峰，塑造下游大漫滩洪水
优化方案 3	不超过黄河下游防洪流量	塑造黄河下游长历时大漫滩洪水

5.1.1　各优化方案调度指令

5.1.1.1　优化方案 1 调度指令

针对基础方案水库高水位迎峰等缺点，进行如下改进。

1. 防洪运用时

将高含沙水流的运用方式扩展至高含沙洪水的调度，增加对防洪运用中非特大洪水（小黑武流量大于 4 000 m^3/s 且小于 10 000 m^3/s）的入库含沙量判别，若入库含沙量小于 200 kg/m^3，按基础方案运用；否则，按照高含沙洪水

调度。具体指令见图 5-1,说明如下:

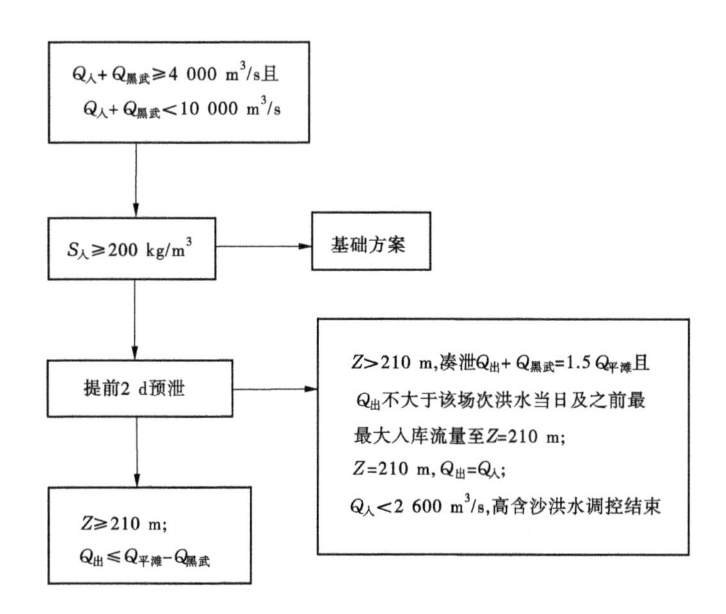

图 5-1　优化方案 1 防洪运用时调度指令

(1)提前 2 d 预泄。预泄原则为尽量按黄河下游平滩流量控制,预泄过程确保坝前水位不低于 210 m。

(2)高含沙洪水期间,在确保出库流量不大于入库最大洪峰流量的同时,尽量控制小黑武流量大于 1.5 倍下游平滩流量。当入库流量小于 2 600 m^3/s 时,调控结束,恢复基础方案运用,确保坝前水位不低于 210 m。与基础方案相比,增加高含沙洪水提前 2 d 预泄;洪水期间水库补水,出库流量不大于该场次洪水当日之前的最大入库流量。

2. 非防洪运用时

在 7 月 1 ~ 10 日,将 6 月底保留的 8 亿 m^3 蓄水在 7 月 10 日泄至 210 m 水位,具体指令见图 5-2。根据当日可调水量和距 7 月 10 日的天数动态计算水库蓄水量日均减少值,在保证防洪运用和灌溉流量的基础上,至 7 月 10 日水库水位降至 210 m。其他时段同基础方案。

5.1.1.2　**优化方案 2 调度指令**

该方案高含沙洪水期间出库流量可增至 10 000 m^3/s,在黄河下游塑造大漫滩洪水。防洪运用中,遇高含沙洪水,提前 2 d 预泄,确保坝前水位不低于

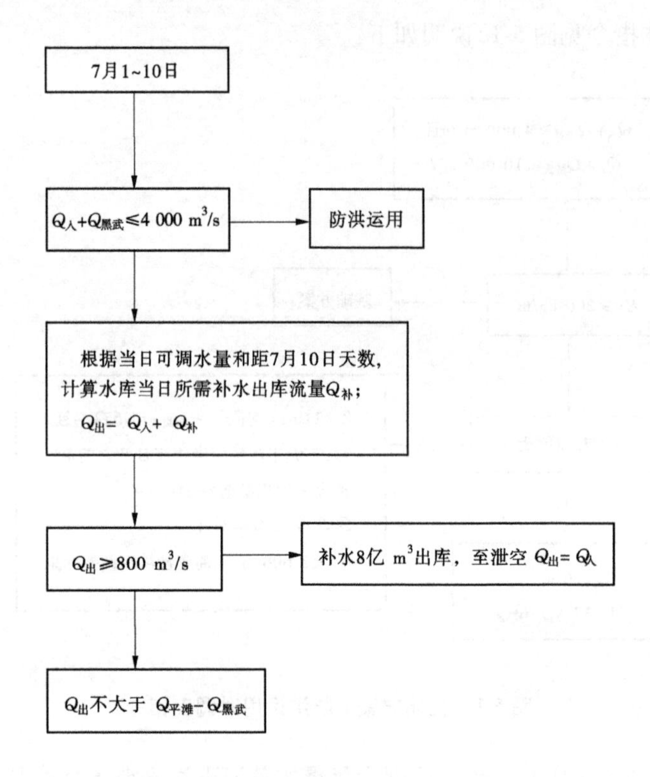

图 5-2　优化方案 1 调度指令(7 月 1 ~ 10 日)

210 m，按下游 10 000 m³/s 凑泄；当入库流量小于 2 600 m³/s 时，调控结束，恢复基础运用，见图 5-3。其他调度同优化方案 1。

5.1.1.3　优化方案 3 调度指令

取消高含沙洪水预泄，将水库蓄水量集中在高含沙洪水期间下泄，塑造长历时、大漫滩高含沙洪水。

具体调度指令见图 5-4。若入库流量加黑武区间流量大于 4 000 m³/s、小于 10 000 m³/s，且含沙量大于 200 kg/m³，按下游 10 000 m³/s 凑泄，直至坝前水位 210 m，出库流量等于入库流量；当入库流量小于 2 600 m³/s 时，调控结束，恢复基础运用。

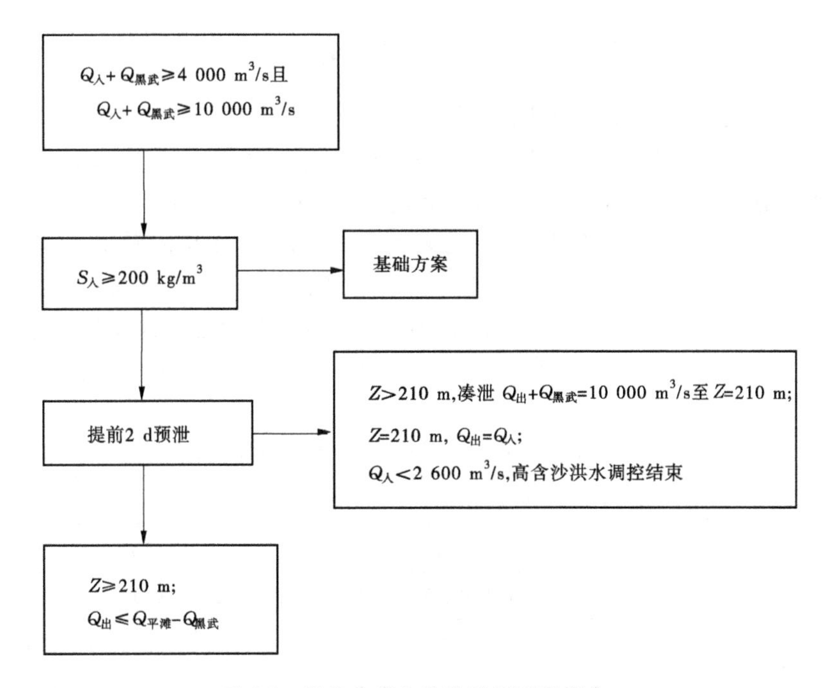

图 5-3　优化方案 2 防洪运用调度指令

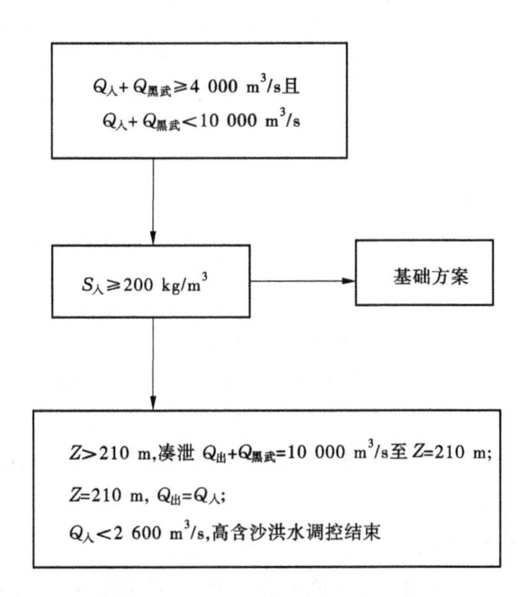

图 5-4　优化方案 3 防洪运用调度指令

5.1.2 第一类高含沙洪水方案计算结果

5.1.2.1 三门峡水库冲淤计算结果

现状运用方式下,三门峡水库调节水沙作用有限,基本上为非汛期淤积、汛期冲刷,年内基本达到冲淤平衡。但是,像1977年来沙量巨大的高含沙洪水年份,水库仍有可能淤积。计算结果表明,三门峡水库年内淤积1.64亿t,其中非汛期淤积1.245亿t,汛期淤积0.399 7亿t。7月、8月高含沙洪水期间,水库排沙比为91%~93%,年排沙比约92%。现状运用方案与实际运用情况差别不大,初始地形略有差异,冲淤计算结果与实测资料差别也不大,见表5-2。

表5-2 出库沙量及排沙比分析统计

时段	入库沙量(亿t)	出库沙量(亿t)		冲淤量(亿t)		排沙比(%)	
		方案	实测	方案	实测	方案	实测
非汛期	1.447 9	0.116 5	0.297 7	1.245 2	1.150 2	8.05	20.56
1977年7月	8.543 7	8.249 0	8.724 4	0.185 4	-0.180 6	97.830 0	102.114 3
1977年8月	11.023 6	10.779 1	10.851 1	0.308 8	0.172 5	97.198 9	98.435 6
汛期	20.646 9	20.147 3	20.631 9	0.399 7	0.015 1	97.58	99.93
全年	22.094 8	20.263 8	20.929 6	1.644 9	1.165 3	91.71	94.73

5.1.2.2 小浪底水库冲淤计算结果

1. 水库调控洪水流量过程

该典型年7月、8月,小浪底水库有两场高含沙洪水过程,见图5-5。7月洪水期间,基础方案为防洪运用,洪水期间出库流量等于入库流量,后期为凑泄造峰,整个排沙过程坝前水位较高,在225 m左右;3个优化方案在7月1~10日期间均需将6月底预留的8亿m^3水泄至坝前水位210 m,在洪水发生前出库流量较基础方案均有所加大;洪水期间,优化方案1在洪水发生时提前2 d按下游平滩流量预泄,洪水期间出库流量等于入库流量,洪水过后凑泄下游1.5倍平滩流量补水出库,由于水位已降至210 m,无水可补,出库流量基本等于入库流量;优化方案2在洪峰来临时,由于提前2 d预泄水库可调水量已较小,未能补足10 000 m^3/s出库;优化方案3在洪峰来临前不进行预泄,保留水量凑泄下游10 000 m^3/s,由于所蓄水量较大,仅能满足凑泄1 d。

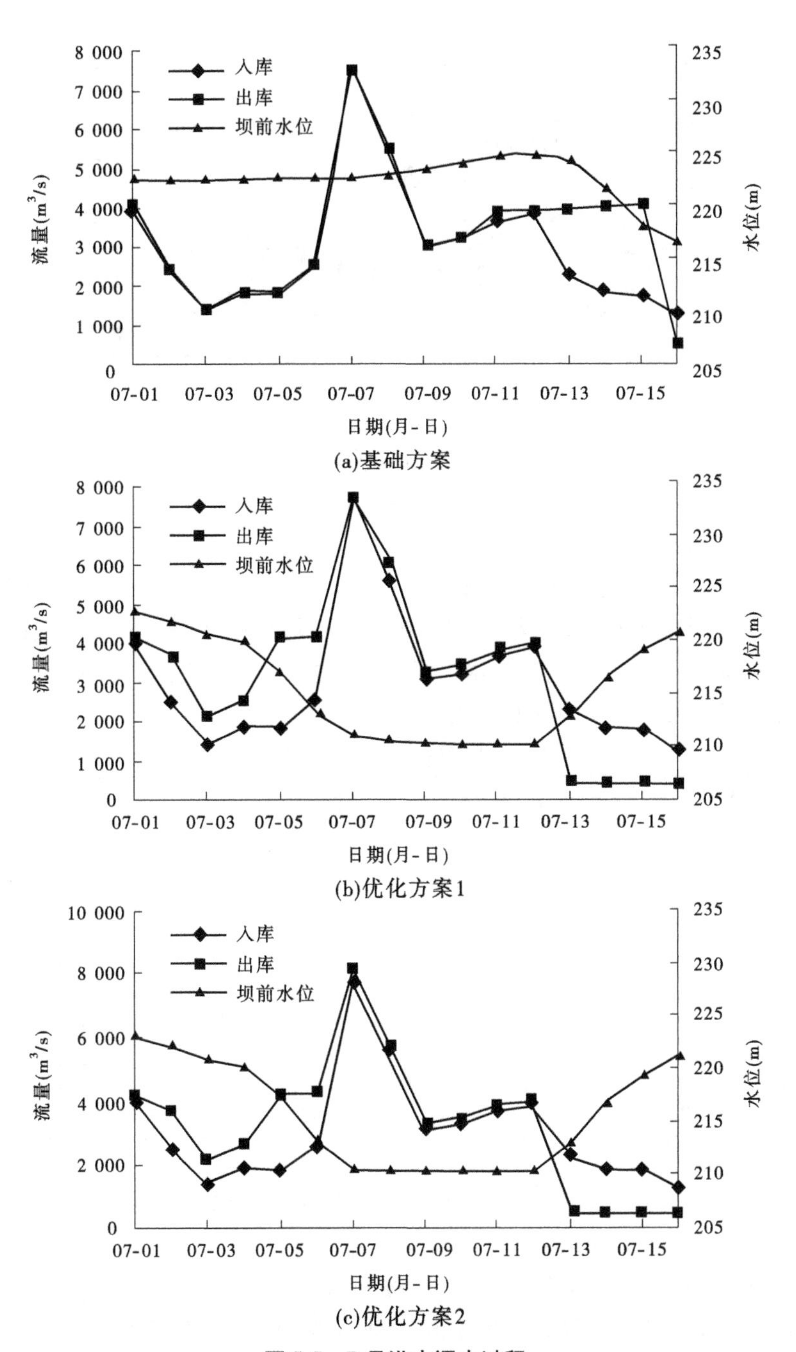

图 5-5　7 月洪水调水过程

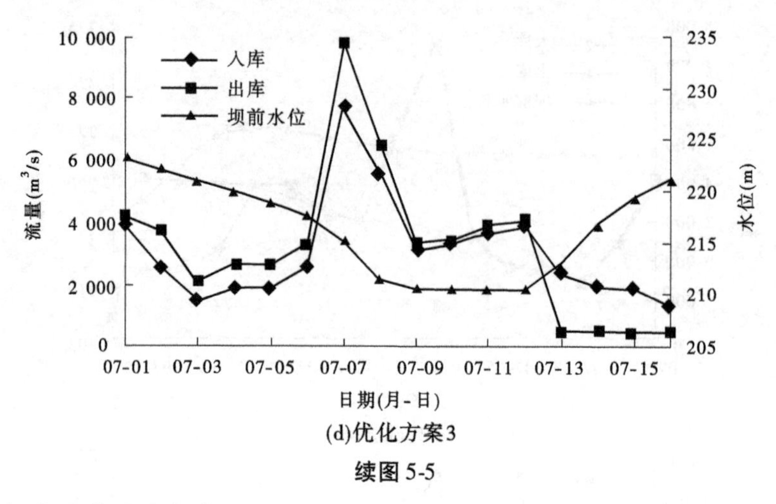

(d)优化方案3

续图 5-5

2. 水库冲淤及分布

表5-3 显示,小浪底水库基础方案共淤积9.59 亿 t,排沙比为53.60%;优化方案淤积5 亿 t 左右,各方案之间排沙比差别不大,约为75%,较基础方案有明显提高。7 月、8 月两场洪水,通过方案优化将排沙比由56%提高到83%左右,调控方案对水库减少淤积效果显著。

表 5-3　小浪底水库出库及排沙统计

时段	冲淤量(亿 t)				排沙比(%)			
	基础方案	优化方案1	优化方案2	优化方案3	基础方案	优化方案1	优化方案2	优化方案3
非汛期	0.11	0.11	0.11	0.11	9.10	9.10	9.10	9.10
7 月洪水	2.98	1.14	1.11	1.23	56.62	83.94	84.37	82.64
8 月洪水	3.58	1.26	1.01	1.02	61.28	85.69	89.14	89.03
汛期	9.48	5.10	4.75	4.89	53.78	75.11	76.81	76.14
全年	9.59	5.21	4.86	5.00	53.60	74.81	76.51	75.84

由表5-4 可以看出,无论是基础方案还是优化方案,干流均是淤积发生的主体,占库区淤积量的70%以上;由于支流淤积主要为干流高含沙洪水倒灌所致,随着坝前水位的降低,干流水位降低,相应支流的被倒灌强度也有所减小,支流淤积量随之下降。在各支流之间,大峪河、畛水和石井河三条支流淤积量相对较大,占支流淤积总量的一半以上。

表 5-4　小浪底水库干、支流淤积分布　(单位:亿 t)

河流名称	基础方案	优化方案 1	优化方案 2	优化方案 3
支流	2.47	1.39	1.34	1.40
支流淤积比例(%)	25.73	26.73	27.56	28.03
干流黄河	7.12	3.82	3.52	3.60
干流淤积比例(%)	74.27	73.27	72.44	71.97
全库区	9.59	5.21	4.86	5.00

图 5-6 显示了水库沿程淤积分布,近坝段淤积更为明显,无论是基础方案还是优化方案,三角洲顶点均已推至坝前;优化方案近坝段较基础方案的低,低 5 ~ 8 m,越往上游差别较小,在距坝 60 km 以上库段差别基本不大。

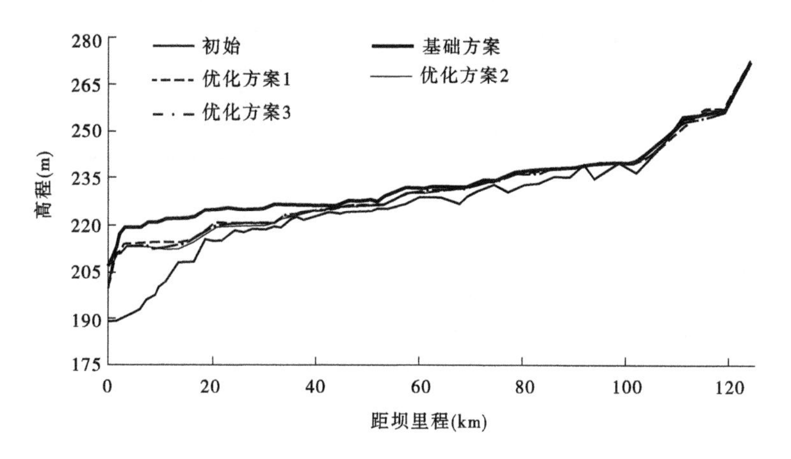

图 5-6　小浪底水库纵剖面对比

5.1.2.3　黄河下游冲淤计算结果

1. 各方案水沙条件

由表 5-5 可见,各方案进入黄河下游小黑武三站的年水量约为 383 亿 m^3,其中非汛期水量约 210 亿 m^3,汛期约 173 亿 m^3;年沙量基础方案约为 10 亿 t,优化方案约为 15 亿 t。

7 月、8 月两场高含沙洪水,由于小浪底水库调控,洪水过程有所改变,由表 5-6 可见,两场高含沙洪水水量和沙量均较大,基础方案平均含沙量分别为 97 kg/m^3 和 149 kg/m^3,来沙系数分别约为 0.022 kg · s/m^3 和 0.037 kg · s/m^3;优化方案下平均含沙量分别约为 150 kg/m^3和 210 kg/m^3,来沙系数分别约为0.035 kg·s/m^{3}和0.05 kg·s/m^3。

表5-5 计算系列水量、沙量统计(汛期、非汛期)

时间(年-月-日)	项目	进口			
		小浪底	黑石关	武陟	小黑武
1976-11-01 ~ 1977-06-30	水量(亿 m^3)	203.15	3.03	3.34	209.52
	基础方案沙量(亿 t)	0.01	0.06	0.03	0.10
	优化方案1沙量(亿 t)	0.01	0.06	0.03	0.10
	优化方案2沙量(亿 t)	0.01	0.06	0.03	0.10
	优化方案3沙量(亿 t)	0.01	0.06	0.03	0.10
1977-07-01 ~ 1977-10-31	水量(亿 m^3)	165.01	3.64	4.36	173.01
	基础方案沙量(亿 t)	10.51	0.06	0.03	10.60
	优化方案1沙量(亿 t)	15.29	0.06	0.03	15.35
	优化方案2沙量(亿 t)	15.64	0.06	0.03	15.70
	优化方案3沙量(亿 t)	15.50	0.06	0.03	15.59

表5-6 计算系列水量、沙量统计(7月、8月)

方案	时段(月-日)	水量(亿 m^3)	平均流量(m^3/s)	洪峰(m^3/s)	沙量(亿 t)	最大含沙量(kg/m^3)	平均含沙量(kg/m^3)	中值粒径(mm)	来沙系数(kg·s/m^3)
基础方案	07-06 ~ 07-16	40	4 225	7 840	3.88	141.5	97	0.018	0.022
	08-01 ~ 08-11	38	4 014	6 634	5.66	256.8	149	0.02	0.037
优化方案1	07-06 ~ 07-16	40	4 225	7 840	5.96	256	148	0.023	0.035
	08-01 ~ 08-11	38	4 014	6 634	7.55	321	198	0.026	0.049
优化方案2	07-06 ~ 07-16	40	4 225	8 245	5.99	285	149	0.023	0.035
	08-01 ~ 08-11	38	4 014	7 317	8.29	426	218	0.026	0.054
优化方案3	07-06 ~ 07-16	40	4 225	10 000	5.86	291	147	0.023	0.035
	08-01 ~ 08-11	38	4 014	8 351	8.28	428	218	0.026	0.054

2. 洪水传播及漫滩分析

表 5-7 和表 5-8 分别为 7 月、8 月两场高含沙洪水的水沙演进特征值。洪水在向下游传播过程中，最大流量出现坦化，同时洪峰的传播过程延长。

表 5-7　7 月高含沙洪水流量特征值

方案		三站	花园口	夹河滩	高村	孙口	艾山	泺口	利津
基础方案	洪峰流量(m^3/s)	7 840	7 519	7 205	6 804	5 892	5 600	5 484	5 445
	最大含沙量(kg/m^3)	141	136	125	114	110	107	103	98
	超平滩流量时间(h)		20	19	17	39	38	36	35
	平滩以上水量(亿 m^3)		0.11	0.24	0.51	3.04	3.16	2.29	2.01
优化方案 1	洪峰流量(m^3/s)	7 840	7 561	7 279	6 874	5 895	5 602	5 501	5 453
	最大含沙量(kg/m^3)	256	220	209	197	188	178	174	169
	超平滩流量时间(h)		20	19	17	39	38	36	35
	平滩以上水量(亿 m^3)		0.18	0.31	0.53	3.12	3.24	2.50	2.10
优化方案 2	洪峰流量(m^3/s)	8 245	7 850	7 545	7 165	6 380	6 150	6 044	6 000
	最大含沙量(kg/m^3)	285	239	197	178	173	168	165	162
	超平滩流量时间(h)		20	19	17	39	38	36	35
	平滩以上水量(亿 m^3)		0.25	0.32	0.55	3.23	3.31	2.55	2.20
优化方案 3	洪峰流量(m^3/s)	10 000	8 420	7 500	7 342	7 003	6 962	6 723	6 612
	最大含沙量(kg/m^3)	291	220	185	170	164	160	157	155
	超平滩流量时间(h)		21	20	41	40	39	38	37
	平滩以上水量(亿 m^3)		1.20	1.61	1.75	3.54	3.47	2.64	2.30

1) 基础方案

在高村以上河段由于平滩流量较大，尽管发生了漫滩，但漫滩水量较小；高村以下河段平滩流量相比稍小，发生了严重的漫滩；7 月洪水，高村以上各河段漫滩在 19 h 左右，漫滩水量在 0.5 亿 m^3左右，高村以下各河段漫滩在 36 h 左右，漫滩水量在 2.5 亿 m^3左右；泥沙在向下游传播过程中发生了淤积、峰型坦化，含沙量峰值高村以上衰减较快，由 141 kg/m^3至高村降为 114 kg/m^3，高村以下相对衰减较慢，至利津含沙量仍为 98 kg/m^3。8 月洪水与 7 月洪水演进特性相似，洪峰值偏小，但含沙量峰值更大，漫滩主要集中在高村以下，含沙量演进至高村由 256 kg/m^{3}降为 171 kg/m^3，高村以下相对衰减较慢，至利津含沙量仍为 148 kg/m^3。

表 5-8　8 月高含沙洪水流量特征值

方案		三站	花园口	夹河滩	高村	孙口	艾山	泺口	利津
基础方案	洪峰流量(m^3/s)	6 634	6 410	6 204	5 950	5 547	5 432	5 281	5 112
	最大含沙量(kg/m^3)	256	212	185	171	168	162	155	148
	超平滩流量时间(h)				19	41	40	38	37
	平滩以上水量(亿 m^3)				0.03	2.50	2.57	1.81	1.58
优化方案 1	洪峰流量(m^3/s)	6 634	6 412	6 185	5 907	5 503	5 476	5 231	5 067
	最大含沙量(kg/m^3)	321	267	242	221	207	202	197	193
	超平滩流量时间(h)				19	41	40	38	37
	平滩以上水量(亿 m^3)				0.03	2.52	2.86	1.97	1.86
优化方案 2	洪峰流量(m^3/s)	7 317	7 110	6 850	6 345	5 987	5 784	5 652	5 543
	最大含沙量(kg/m^3)	426	354	311	278	259	247	232	213
	超平滩流量时间(h)			21	20	42	41	38	38
	平滩以上水量(亿 m^3)			0.31	0.45	2.51	2.79	1.95	1.85
优化方案 3	洪峰流量(m^3/s)	8 351	7 800	7 412	7 221	6 999	6 951	6 843	6 547
	最大含沙量(kg/m^3)	428	351	301	263	246	235	224	201
	超平滩流量时间(h)		23	22	21	43	42	40	39
	平滩以上水量(亿 m^3)		0.35	0.57	0.71	2.68	2.91	2.13	2.17

2）优化方案 1

与基础方案相比，优化方案 1 水流演进和漫滩特征差别不大，由于含沙量过程和峰值均明显增大，含沙量传播存在明显不同。7 月洪水进入下游含沙量峰值为 256 kg/m^3，演进至高村降为 197 kg/m^3，至利津含沙量仍为 169 kg/m^3。8 月洪水进入下游含沙量峰值为 321 kg/m^3，演进至高村降为 221 kg/m^3，至利津含沙量仍为 193 kg/m^3。

3)优化方案2

与基础方案和优化方案1相比,优化方案2洪峰值有所增大,全下游均发生不同程度漫滩,由于洪峰沿程衰减,漫滩仍主要发生在高村以下。含沙量衰减与基础方案和优化方案1特性差别不大,7月洪水进入下游含沙量峰值为285 kg/m³,演进至高村降为178 kg/m³,至利津含沙量仍为162 kg/m³。8月洪水进入下游含沙量峰值为426 kg/m³,演进至高村降为278 kg/m³,至利津含沙量仍为213 kg/m³。

4)优化方案3

该方案洪峰值最大,进入下游的为10 000 m³/s,全下游均发生不同程度漫滩,高村以上河段漫滩也较为严重,基本为大漫滩洪水。高村以上河段漫滩水量在1亿m³以上;高村以下河段漫滩水量在3亿m³左右。含沙量在高村河段以上衰减较快,7月洪水进入下游含沙量峰值为291 kg/m³,演进至高村降为170 kg/m³,至利津含沙量仍为155 kg/m³。8月洪水进入下游含沙量峰值为428 kg/m³,演进至高村降为263 kg/m³,至利津含沙量仍为201 kg/m³。

3. 河道冲淤及分布

非汛期各方案水沙过程完全一致,由表5-9可以看出,非汛期黄河下游基本处于冲刷状态,全下游冲刷了0.717亿t;小浪底至艾山为主要冲刷河段,共冲刷了0.756亿t;艾山以下河段为淤积,共淤积了0.039亿t。

表5-9　非汛期冲淤量统计　(单位:亿t)

	水量(亿m³)	沙量(亿t)	小—花	花—夹	夹—高	高—孙	孙—艾	艾—泺	泺—利	全河段
主槽	209	0.125	-0.260	-0.226	-0.095	-0.092	-0.083	0.014	0.025	-0.717
滩地			0	0	0	0	0	0	0	0
全断面			-0.260	-0.226	-0.095	-0.092	-0.083	0.014	0.025	-0.717

汛期各方案整体表现为淤积,见表5-10。

1)基础方案

整个下游表现为淤积,淤积量为2.241亿t。从滩槽淤积来看,主槽为下游淤积的主要部位,共淤积了1.944亿t;由于高村以上漫滩较弱,滩地淤积主要集中在高村以下,淤积量为0.299亿t。从分河段来看,主槽淤积主要分布在孙口以上河段,共淤积了1.56亿t,占主槽淤积量的80.2%;滩地淤积主要集中在高村至利津河段。

表 5-10　汛期冲淤量统计　（单位：亿 t）

方案	水量(亿 m^3)	沙量(亿 t)	分布	小—花	花—夹	夹—高	高—孙	孙—艾	艾—泺	泺—利	全河段
基础方案	173	10.6	主槽	0.497	0.485	0.303	0.275	0.087	0.092	0.206	1.95
			滩地	0.004	0.011	0.012	0.075	0.056	0.060	0.081	0.299
			全断面	0.50	0.495	0.315	0.35	0.142	0.152	0.287	2.241
优化方案 1	173	15.35	主槽	1.23	1.08	0.60	0.48	0.13	0.14	0.31	3.96
			滩地	0.01	0.02	0.11	0.13	0.08	0.09	0.12	0.56
			全断面	1.24	1.10	0.72	0.61	0.21	0.23	0.43	4.52
优化方案 2	173	15.70	主槽	1.24	1.07	0.62	0.45	0.15	0.13	0.31	3.97
			滩地	0.04	0.09	0.15	0.17	0.06	0.09	0.10	0.70
			全断面	1.28	1.16	0.77	0.62	0.21	0.22	0.41	4.67
优化方案 3	173	15.59	主槽	1.17	0.92	0.52	0.41	0.14	0.13	0.29	3.59
			滩地	0.21	0.34	0.31	0.18	0.05	0.08	0.09	1.26
			全断面	1.38	1.26	0.83	0.59	0.19	0.21	0.38	4.85

2）优化方案 1

该方案水流和漫滩过程与基础方案基本相同，但沙量较基础方案增加近 5 亿 t，因此淤积量也较基础方案明显增大，全下游淤积量为 4.52 亿 t。从滩槽淤积分布来看，与基础方案无明显差别，表现为整体增大，主槽淤积量达 3.96 亿 t，滩地淤积量仅为 0.56 亿 t，增加淤积量主要分布于主槽。从分河段来看，主槽淤积主要分布在高村以上，上段淤积比例加大，高村以上主槽淤积量占 75% 以上；但高村以上由于漫滩较弱，滩地淤积比例较小。

3）优化方案 2

该方案与优化方案 1 相比，7 月、8 月两场洪水的洪峰值稍大（各有 1 d 大于 500 m^3/s 左右），进入下游沙量增加 0.35 亿 t，整个下游淤积量较优化方案 1 增加 0.15 亿 t。从滩槽淤积分布来看，滩地淤积量为 0.70 亿 t，较优化方案 1 增加 0.14 亿 t，主槽淤积量为 3.97 亿 t，较优化方案 1 稍有增加。河段淤积分布特性与优化方案 1 差别不大，仍然表现为主槽淤积主要分布在高村以上，滩地淤积分布在下段。

4)优化方案3

该方案与其他方案存在明显差别。该方案下游整体淤积量为4.85亿t,其中滩地淤积量为1.26亿t,较其他方案明显增大,主槽淤积量为3.59亿t,小于优化方案1和优化方案2。从河段冲淤分布来看,该方案的淤积分布更靠近上段宽河段,无论是主槽淤积量还是滩地淤积量,主要发生在高村以上河段。

4. 平滩流量

黄河下游主要站点平滩流量变化见表5-11。非汛期艾山以上河段主槽发生冲刷,平滩流量增加,其中花园口站和夹河滩站增加较大,在200 m^3/s 左右;艾山站以下河段平滩流量稍有减小,在30 m^3/s 左右。汛期河道发生淤积,尤其是主槽发生大量淤积,使平滩流量明显减小。基础方案高村以上平滩流量减小150~250 m^3/s,高村以下一般减小50~100 m^3/s;优化方案1和优化方案2平滩流量变化相近,高村以上平滩流量减小500~700 m^3/s,高村以下一般减小50~250 m^3/s;优化方案3在高村以上河段较优化方案1和优化方案2平滩流量减小100 m^3/s 左右。

表5-11 黄河下游主要控制站平滩流量变化值统计 (单位:m^3/s)

	时段	花园口	夹河滩	高村	孙口	艾山	泺口	利津
方案	初始	7 200	6 500	6 100	4 350	4 250	4 600	4 650
	非汛期结束	7 380	6 720	6 200	4 410	4 310	4 570	4 610
	变化	180	220	100	60	60	-30	-40
基础方案	汛期结束	7 210	6 460	5 980	4 291	4 254	4 507	4 556
	变化	-170	-260	-220	-119	-54	-63	-54
优化方案1	汛期结束	6 680	5 970	5 660	4 160	4 216	4 470	4 510
	变化	-700	-750	-540	-250	-94	-100	-100
优化方案2	汛期结束	6 690	5 980	5 640	4 180	4 210	4 470	4 510
	变化	-690	-740	-560	-230	-100	-100	-100
优化方案3	汛期结束	6 790	6 080	5 750	4 210	4 210	4 470	4 520
	变化	-590	-640	-450	-200	-100	-100	-90

5.1.3 小结

目前,小浪底水库淤积约30亿 m^3,已进入拦沙后期第一阶段,黄河下游平滩流量在4 000 m^3/s 以上，高村以上河段已达6 000 m^3/s 以上。在现状条件下，若遇第一类高含沙洪水年，水库调控方案旨在防洪安全条件下，追求滩地滞沙量最大，兼顾水库、主槽淤积等因素。本书以 1977 年为典型洪水年，进行了 4 个方案的计算，得出主要认识如下：

(1)基础方案。该方案在调控高含沙洪水时，主要采用流量进出库平衡的运用方式，由于高含沙洪水前水库为蓄水造峰运用，水库前期有一定的蓄水量，高含沙洪水调控时，水库水位往往较高，产生大量淤积。方案计算表明，运用年结束后，小浪底水库共淤积 9.59 亿 t，排沙比为 53%；洪水期间，黄河下游普遍发生漫滩，但是漫滩程度较低，漫滩主要发生在高村以下，淤滩刷槽效果一般，滩地共淤积 0.3 亿 t，主槽淤积 1.22 亿 t；平滩流量无明显变化，在 4 250 ~ 7 210 m^3/s 范围。

该方案水库淤积量较大，排沙比较低。黄河下游既发生了漫滩洪水灾害，淤滩刷槽效果又一般，现阶段不宜采用。

(2)改进方案 1。水库运用原则为在高含沙洪水期尽量空库迎峰，且出库洪峰流量不大于本次洪水最大洪峰流量，不抬高水位壅水，增加库区的淤积。方案计算表明，运用年结束后，小浪底水库共淤积 5.21 亿 t，排沙比为 74.81%；洪水期间，黄河下游漫滩程度与基础方案差别不大，滩地共淤积 0.56 亿 t，主槽淤积 3.24 亿 t；平滩流量小于基础方案，在 4 160 ~ 6 700 m^3/s 范围。

与基础方案相比，该方案水库淤积量明显减少，排沙比显著增加。但是，黄河下游主槽淤积增加较多，不利于维持主槽不萎缩目标的实现。

(3)改进方案 2。在防洪标准内即控制防洪运用期间，花园口站最大流量不超过 10 000 m^3/s 的前提下，按照出库流量大于 1.5 倍平滩流量及以上的目标调控，充分发挥滩地滞沙作用，实现水库少拦沙、滩地多淤积、主槽不萎缩的目标。高含沙洪水调控期间，不再考虑水资源、发电等需求。方案计算表明，运用年结束后，小浪底水库共淤积 4.86 亿 t，排沙比为 76.51%；洪水期间，洪峰值有所增大，全下游均发生不同程度漫滩，漫滩仍主要发生在高村以下，滩地共淤积 0.7 亿 t，主槽淤积 3.25 亿 t；平滩流量与改进方案 1 差别不大，在 4 180 ~ 6 690 m^3/s 范围。

该方案没有实现塑造大漫滩洪水、滩地大量滞沙的目标。由于水库造峰时机取决于蓄水体的大小，而蓄水体受来水及下游供水等因素影响，具有较大的不确定性，因此水库造峰时机也具有不确定性。在发生高含沙洪水时，若水库处于蓄满阶段，则提前 2 d 预泄，水库仍处于高水位“迎洪”状态，即可塑造大漫滩洪水；若水库恰好处于造峰泄控阶段，水库则无法补水，塑造大洪水。该方案运行中，发生高含沙洪水时，水库刚好处于非蓄满造峰或凑泄造峰阶段，因此高含沙洪水洪峰流量基本为进出平衡。因此，该方案实际效果与改进方案 1 差别不大。

(4)改进方案 3。该方案是对改进方案 2 的补充，即设置高含沙洪水期，水库处于蓄满造峰阶段，进行大漫滩洪水的塑造。方案计算表明，运用年结束后，小浪底水库共淤积 5.0 亿 t，排沙比为 75.8%；该方案洪水期间洪峰值最大为 10 000 m^3/s，全下游均发生不同程度漫滩，高村以上河段漫滩也较为严重，基本为大漫滩洪水。滩地淤积明显增加，为 1.26 亿 t，主槽淤积略有减少，为 2.87 亿 t；平滩流量与改进方案 1 差别不大，在 4 200 ~ 6 790 m^3/s 范围。

该方案与改进方案 2 相比，水库淤积量、排沙比差别不大，黄河下游滩地滞沙量明显增加，主槽淤积减少，平滩流量增加。但是，洪水漫滩流量增加，滩地损失增大。

建议：第一类高含沙洪水，特别是 1977 年典型高含沙洪水，是未来黄河下游发生频次极低及对下游河道淤积影响最大的洪水，在黄河下游现状河道条件下，综合考虑防洪、水库淤积、淤滩刷槽等因素，建议采用改进方案 3 进行调控。

从各方案计算结果来看，即使采用基础方案，水库排沙比为 53%，黄河下游河道主槽仍发生淤积 1.22 亿 t。因此，若维持主槽冲淤平衡，需利用古贤水库拦减部分高含沙洪水的泥沙。

5.2　第二类高含沙洪水比选方案

5.2.1　优化方案调度指令

三门峡水库运用方式、小浪底水库基础方案与第一类高含沙洪水相同。

小浪底水库优化调控方案如下：

“1989 年”型的第二类高含沙洪水，潼关站汛期水量、沙量约分别为 205 亿 m^3 和 7.64 亿 t，整个汛期并未发生满足日均流量大于 2 600 m^3/s 且日均含沙量大于 200 kg/m^3 的高含沙洪水。

调控方案与基础方案的主要区别如下：

(1)7 月上旬增加预泄。将 6 月底保留的 8 亿 m^3 蓄水泄至 210 m 水位，具体指令见图 5-2。根据当日可调水量和距 7 月 10 日的天数动态计算水库蓄水量日均减少值，在保证防洪运用和灌溉流量的基础上，至7月10日水库水位降至210 m。

(2)放宽了高含沙洪水条件。在非特大洪水(小黑武流量小于10 000 m^3/s)时，若入库流量大于或等于2 600 m^3/s且含沙量大于或等于100 kg/m^3，即进入高含沙运用。

①提前2 d预泄。预泄原则按黄河下游平滩流量凑泄，且坝前水位不低于210 m。

②高含沙洪水期间，若入库流量加黑武流量大于1.5倍的下游平滩流量，则按入库流量下泄；若入库流量加黑武流量不大于1.5倍的下游平滩流量，则按前期最大小黑武流量控泄。当入库流量小于2 600 m^3/s时，调控结束，恢复基础方案运用，确保坝前水位不低于210 m，见图5-7。

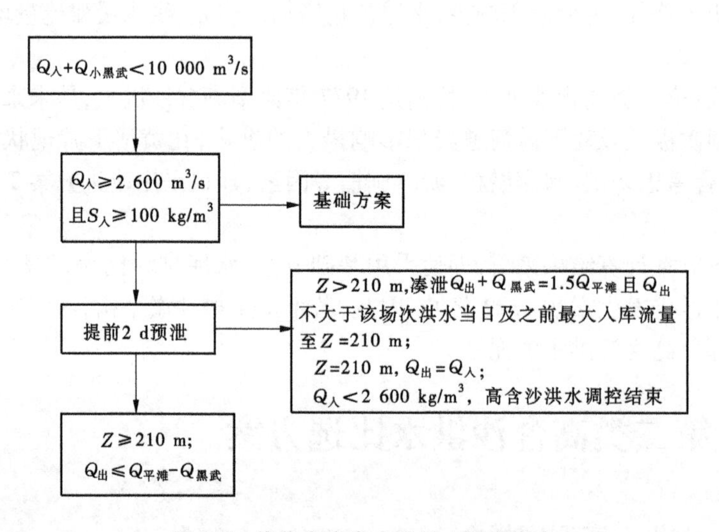

图5-7　优化方案高含沙洪水调度指令

5.2.2　第二类高含沙洪水方案计算结果

5.2.2.1　三门峡水库冲淤计算结果

由表5-12可知，非汛期水库发生明显淤积，淤积量达1.70亿t，排沙比约为12%。三门峡水库非汛期淤积1.70亿t，汛期冲刷1.30亿t，年内淤积0.40亿t，冲淤基本平衡。现状运用方案与实际运用情况差别不大，初始地形略有差异，冲淤计算结果与实测资料差别也不大。

表 5-12　出库沙量及排沙比分析统计

时段	入库沙量(亿 t)	出库沙量(亿 t)		冲淤量(亿 t)		排沙比(%)	
		方案	实测	方案	实测	方案	实测
非汛期	1.95	0.24	0.49	1.70	1.46	12.31	25.13
汛期	6.59	7.89	7.53	-1.30	-0.94	119.73	114.26
全年	8.54	8.13	8.02	0.40	0.52	95.20	93.91

5.2.2.2　小浪底水库冲淤计算结果

1. 小浪底水库调控洪水流量过程

由图 5-8、图 5-9 可知，基础方案，汛期分别在 7 月 24 日和 8 月 20 日，入库流量大于 4 000 m^3/s，进入防洪运用，按照运用方式，当入库含沙量小于 200 kg/m^3 时，凑泄下游平滩流量，所以出库流量 2 场洪水均被削峰，迎洪峰水位均在 220 m 以上。优化方案，由于放宽了高含沙条件，“7 · 19”被判定为高含沙洪水，提前 2 d 开始预泄，水位降至 210 m，迎洪水位较基础方案明显降低。

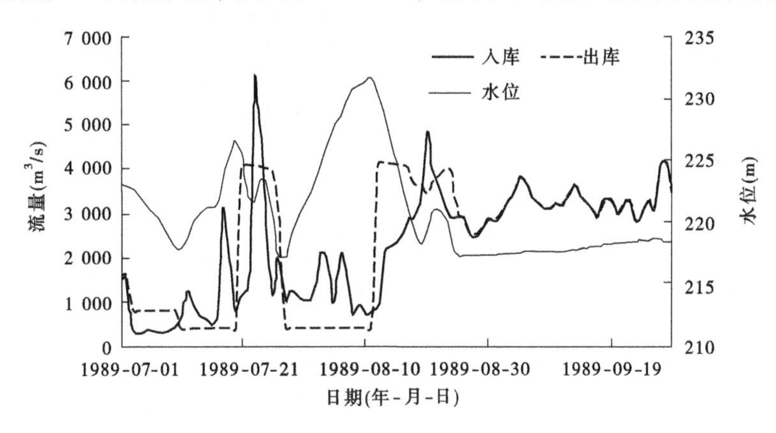

图 5-8　基础方案汛期调水过程(第二类高含沙洪水方案)

2. 水库冲淤

由表 5-13 可以看出，小浪底水库无论是基础方案还是优化方案，均表现为淤积，基础方案淤积 3.93 亿 t，排沙比为 51.63%，优化方案淤积 2.01 亿 t；水库排沙比增加为 75.20%，较基础方案有明显提高。

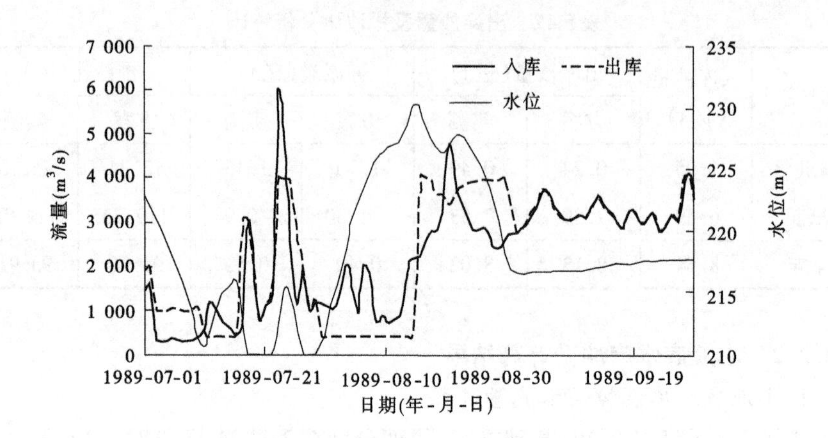

图 5-9　优化方案汛期调水过程(第二类高含沙洪水方案)

表 5-13　小浪底水库出库及排沙统计

时段(年-月-日)	入库沙量(亿 t)	出库沙量(亿 t)		冲淤量(亿 t)		排沙比(%)	
		基础方案	优化方案	基础方案	优化方案	基础方案	优化方案
非汛期	0.24	0.04	0.04	0.20	0.20	17.16	17.16
汛期	7.89	4.16	6.08	3.73	1.81	52.69	77.01
全年	8.13	4.20	6.12	3.93	2.01	51.63	75.20

由图 5-10 可见,水库沿程均发生不同程度的淤积,但近坝段淤积更为明显,基础方案三角洲顶点均已基本推至坝前;优化方案近坝段整体较基础方案低,约低 5 m 左右,越往上游差别较小,在距坝 60 km 以上库段差别不大。

5.2.2.3　黄河下游冲淤计算结果

1. 各方案水沙条件

由表 5-14 可见,各方案进入黄河下游小黑武三站年水量为 442 亿 m^3,其中非汛期水量 227 亿 m^3,汛期 215 亿 m^3;年沙量基础方案约为 4.26 亿 t,优化方案约为 6.18 亿 t。

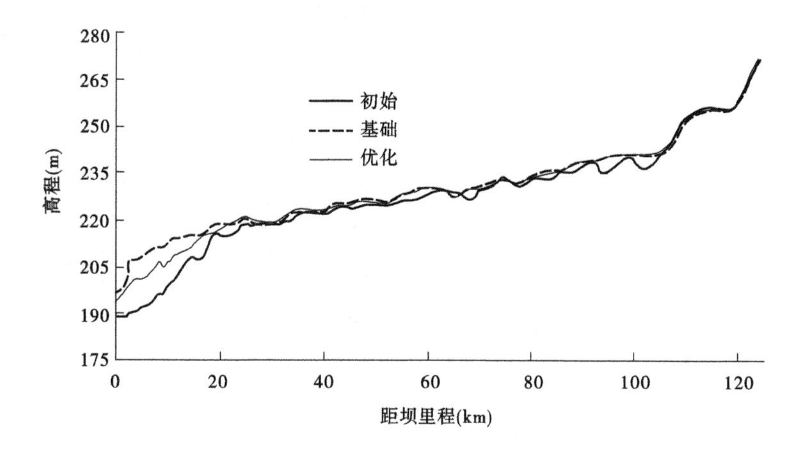

图 5-10　小浪底水库纵剖面对比

表 5-14　计算系列水量、沙量统计

时段 (年-月-日)	项目	进口		
		小浪底	黑武	小黑武
1988-11-01 ~ 1989-06-30	水量(亿 m^3)	213	14	227
	基础方案沙量(亿 t)	0.04	0.06	0.10
	优化方案沙量(亿 t)	0.04	0.06	0.10
1989-07-01 ~ 1989-10-31	水量(亿 m^3)	199	16	215
	基础方案沙量(亿 t)	4.16	0.10	4.26
	优化方案沙量(亿 t)	6.08	0.10	6.18

无论是基础方案还是优化方案,小浪底出库均无超过下游平滩流量的大洪水过程,仅在 7 月中下旬发生一场洪水,该场洪水流量和含沙量峰值均不大,基础方案平均含沙量为 37.50 kg/m^3,来沙系数约为 0.017 kg · s/m^3;优化方案平均含沙量约为 100.00 kg/m^3,来沙系数约为 0.042 kg · s/m^3,见表 5-15。

2. 洪水传播及漫滩分析

由表 5-16 可以看出,由于引水、河损和槽蓄作用,洪水在向下游传播过程中,最大流量出现坦化,同时洪峰的传播过程延长。两方案均未出现漫滩,两方案洪峰坦化过程基本一致,至利津洪峰流量约为 3 800 m^3/s;含沙量峰值分别为 39 kg/m^3和 89 kg/m^3。

表 5-15　各方案水沙特征值统计

方案	时段(月-日)	水量(亿 m^3)	平均流量(m^3/s)	洪峰(m^3/s)	沙量(亿 t)	最大含沙量(kg/m^3)	平均含沙量(kg/m^3)	中值粒径(mm)	来沙系数($kg \cdot s/m^3$)
基础方案	07-17～07-29	24.8	2 208	4 200	0.93	58.00	37.50	0.210	0.017
	汛期	199	1 872	4 200	4.16	58.00	20.90	0.020	0.011
优化方案	07-17～07-29	26.5	2 360	4 200	2.66	164.00	100.00	0.022	0.042
	汛期	199	1 872	4 200	6.08	164.00	30.50	0.020	0.016

表 5-16　洪水传播特征值

方案		三站	花园口	夹河滩	高村	孙口	艾山	泺口	利津
基础方案	洪峰流量(m^3/s)	4 200	4 145	4 083	4 008	3 950	3 901	3 853	3 805
	最大含沙量(kg/m^3)	58	53	51	49	46	44	41	39
优化方案	洪峰流量(m^3/s)	4 200	4 150	4 087	4 006	3 962	3 907	3 858	3 806
	最大含沙量(kg/m^3)	164	141	136	121	111	105	99	89

3. 冲淤分布

表 5-17 给出了非汛期黄河下游冲刷量统计成果，全下游冲刷了 0.791 亿 t，从分河段看，小浪底至艾山为主要冲刷河段，共冲刷了 0.835 亿 t；艾山至利津稍微淤积，共淤积 0.044 亿 t。

表 5-17　非汛期冲淤量统计成果　　（单位：亿 t）

分布	水量(亿 m^3)	沙量(亿 t)	小—花	花—夹	夹—高	高—孙	孙—艾	艾—泺	泺—利	全河段
主槽	227	0.10	-0.29	-0.25	-0.14	-0.1	-0.055	0.017	0.027	-0.791
滩地			0	0	0	0	0	0	0	0
全断面			-0.29	-0.25	-0.14	-0.1	-0.055	0.017	0.027	-0.791

汛期各方案整体表现为淤积，表 5-18 给出了淤积量统计成果。基础方案汛期进入下游水量 199 亿 m^3、沙量 4.16 亿 t，来沙系数约为 0.011 $kg \cdot s/m^3$，整个汛期表现为冲刷，全下游冲刷量为 0.731 亿 t。优化方案汛期进入下游水量 199 亿 m^3、沙量 6.08 亿 t，来沙系数为 0.016 $kg \cdot s/m^3$，整个汛期表现为微淤，全下游淤积量为 0.483 亿 t。

表 5-18　汛期冲淤量统计成果　（单位：亿 t）

方案	水量（亿 m^3）	沙量（亿 t）	分布	小—花	花—夹	夹—高	高—孙	孙—艾	艾—泺	泺—利	全河段
基础方案	199	4.16	主槽	-0.131	-0.175	-0.137	-0.096	-0.062	-0.082	-0.048	-0.731
			滩地	0	0	0	0	0	0	0	0
			全断面	-0.131	-0.175	-0.137	-0.096	-0.062	-0.082	-0.048	-0.731
优化方案	199	6.08	主槽	0.111	0.143	0.108	0.057	0.027	-0.014	0.051	0.483
			滩地	0	0	0	0	0	0	0	0
			全断面	0.111	0.143	0.108	0.057	0.027	-0.014	0.051	0.483

4. 平滩流量变化

黄河下游主要站点平滩流量变化见表 5-19。非汛期主槽发生冲刷，平滩流量增加，其中花园口、夹河滩和高村等站增加较大，在 150 m^3/s 左右；艾山至利津河段稍有减小，减小约 40 m^3/s。汛期河道基础方案仍然发生冲刷，高村以上平滩流量继续增加 100 m^3/s 左右，高村以下继续增加 60 m^3/s 左右；优化方案为淤积，平滩流量减小，高村以上河段一般减小 100 m^3/s 左右，高村以下减小 30 m^3/s 左右。

表 5-19　黄河下游主要控制站平滩流量变化值统计　（单位：m^3/s）

	时段	花园口	夹河滩	高村	孙口	艾山	泺口	利津
方案	初始	7 200	6 500	6 100	4 350	4 250	4 600	4 650
	非汛期结束	7 410	6 750	6 250	4 420	4 290	4 570	4 610
	变化	210	250	150	70	40	-30	-40
基础方案	汛期结束	7 500	6 920	6 400	4 480	4 370	4 630	4 630
	变化	90	170	150	60	80	60	20
优化方案	汛期结束	7 330	6 610	6 130	4 380	4 260	4 580	4 590
	变化	-80	-140	-120	-40	-30	10	-20

5.2.3　小结

第二类高含沙洪水年，水库调控方案旨在防洪安全条件下，追求主槽输沙

效率最大,兼顾水库、主槽淤积等因素。本书以1989年为典型洪水年,进行了2个方案的计算,得出主要认识如下:

(1)基础方案:水库高水位迎峰,排沙比较低。计算结果表明,运用年结束后,小浪底水库淤积3.93亿t,排沙比为51.63%;黄河下游没有出现漫滩洪水,冲淤主要在主槽内完成,全下游冲刷1.52亿t,各河段平滩流量均有增加,平滩流量在4 370~7 500 m^3/s范围内。

(2)改进方案:高含沙洪水期间低水位迎洪,且尽量使黄河下游接近平滩流量运行,旨在利用主槽输沙能力输送高含沙洪水,使黄河下游处于基本冲淤平衡状态,提高输沙效率。首先,降低高含沙洪水含沙量标准为100 kg/m^3;在高含沙洪水入库前进行预泄。方案计算结果表明,改进方案小浪底水库淤积量明显减少为2.02亿t,水库排沙比显著增加为75%左右。黄河下游同样没有出现漫滩洪水,全下游主槽冲刷0.31亿t,汛期各河段除艾山至泺口外,均为淤积,淤积量较小,花园口以上河段淤积0.11亿t为最大值;各河段平滩流量略有增加,平滩流量在4 260~7 330 m^3/s范围内。

建议:随着小浪底水库的拦沙及调水调沙运用,黄河下游河道冲刷效率越来越低,一般冲刷效率较河道冲淤平衡时的输沙效率低2倍以上。因此,在黄河下游平滩流量较大、小浪底水库淤积30亿m^3的条件下,为提高黄河下游输沙效率,对第二类高含沙洪水应采用改进方案进行调控。

5.3 第三类高含沙洪水方案

5.3.1 各方案调度指令

三门峡水库运用方式、小浪底水库基础方案与第一类高含沙洪水相同。

小浪底水库优化调控方案介绍如下:

对于"2002年"型的第三类高含沙洪水典型年,汛期水量偏枯(三门峡站约50亿m^3水量),沙量不大(三门峡站约为3.49亿t),基础方案,整个汛期无排沙过程(水库既无防洪运用、高含沙运用,也无蓄满造峰和凑泄造峰)。优化方案考虑塑造小高含沙洪水,进一步降低高含沙洪水流量标准,采用日均流量大于1 500 m^3/s且日均含沙量大于100 kg/m^3,即进入小高含沙洪水调度。其与基础方案的主要区别如下:

(1)小高含沙洪水调度。在非特大洪水(小黑武流量小于10 000 m^3/s)时,若入库日均流量大于1 500 m^3/s且日均含沙量大于100 kg/m^3,即进入小高含沙洪水运用，具体指令见图 5-11。

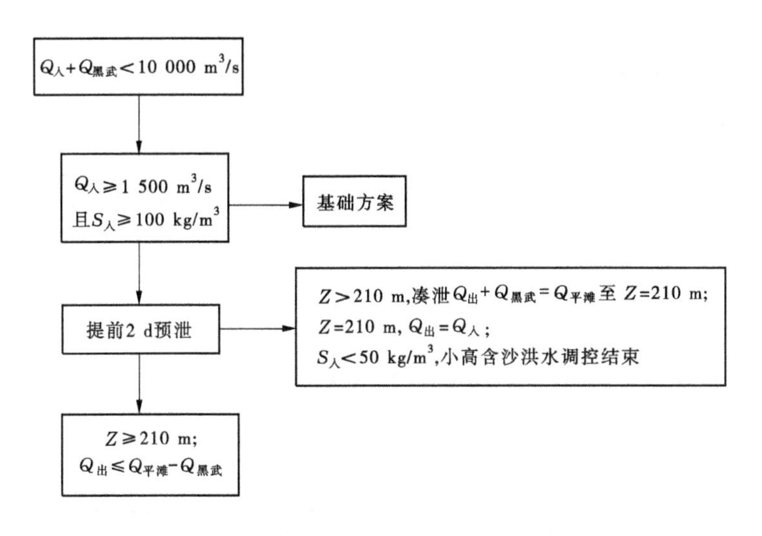

图 5-11　优化方案高含沙洪水调度指令（第三类高含沙洪水方案）

①提前 2 d 预泄。预泄原则为凑泄下游平滩流量，确保坝前水位不低于 210 m。

②小高含沙洪水期间。按基础方案高含沙洪水运用调度；当入库日均含沙量小于 50 kg/m^{3}时，调控结束，恢复基础方案运用；确保坝前水位不低于 210 m。

（2）主汛期蓄水运用水量限制。在 7 月 11 日至 9 月 10 日的主汛期的蓄水运用时段，保证水库最大可调水量不超过 2 亿 m^3。

具体指令见图 5-12。

5.3.2　各方案计算结果

5.3.2.1　三门峡水库冲淤计算结果

由表 5-20 可知，三门峡水库非汛期淤积 1.67 亿 t，汛期冲刷 1.61 亿 t，年内淤积 0.06 亿 t，冲淤基本平衡。现状运用方案与实际运用情况差别不大，初始地形略有差异，冲淤计算结果与实测资料差别也不大。

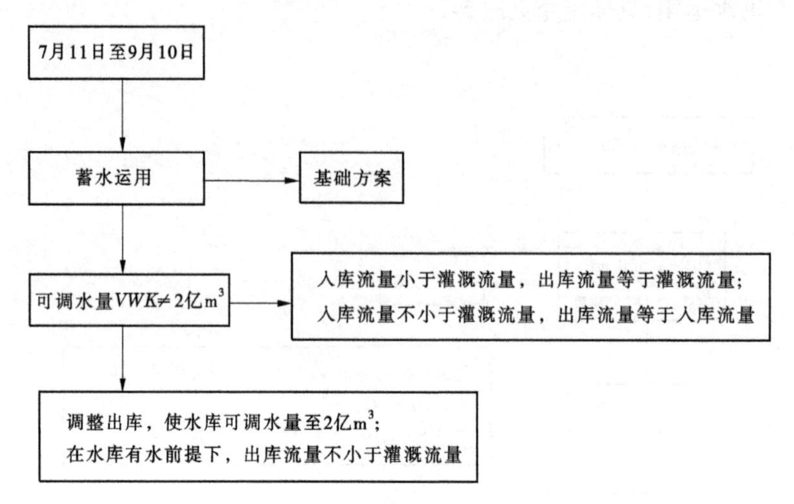

图 5-12　主汛期蓄水运用调度指令

表 5-20　出库沙量及排沙比分析统计

时段	入库沙量(亿 t)	出库沙量(亿 t)		冲淤量(亿 t)		排沙比(%)	
		方案	实测	方案	实测	方案	实测
非汛期	1.86	0.19	0.98	1.67	0.88	10.07	52.69
汛期	2.64	4.25	3.49	-1.61	-0.85	161.15	132.20
全年	4.50	4.44	4.47	0.06	0.03	98.60	99.33

5.3.2.2　小浪底水库冲淤计算结果

1. 洪水调控过程

由图5-13和图5-14可见，基础方案仅在7月上旬有大于1 000 m^3/s 的日均流量，按照运用原则，出库流量等于入库流量，整个汛期既未进行防洪运用、高含沙运用，也未发生蓄满造峰和凑泄造峰，整个汛期以蓄水为主。优化方案在判定在7月6日发生小高含沙洪水，于7月4日开始预泄，凑泄下游平滩流量至水位210 m，迎洪水位较基础方案明显降低；主汛期一直保持较低水位。

2. 水库冲淤分析

由表5-21可知，小浪底水库，基础方案淤积量为3.68亿t，排沙比仅为17%，优化方案淤积量为2.12亿t；优化方案水库排沙增加1.56亿t，排沙比达到52%，较基础方案有明显提高。

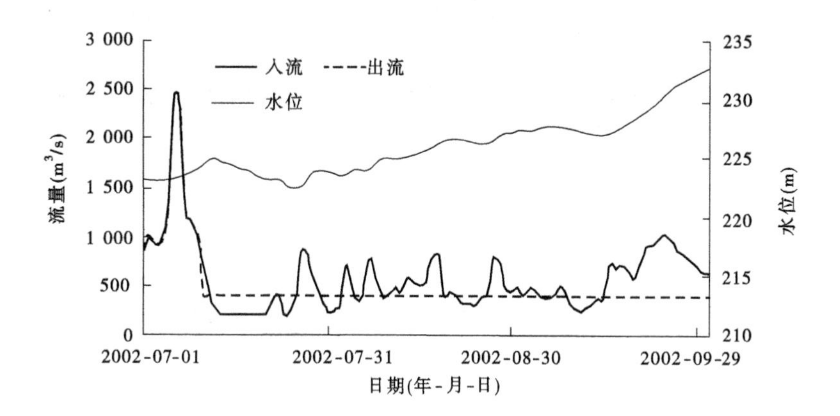

图5-13　基础方案汛期调水过程(第三类高含沙洪水方案)

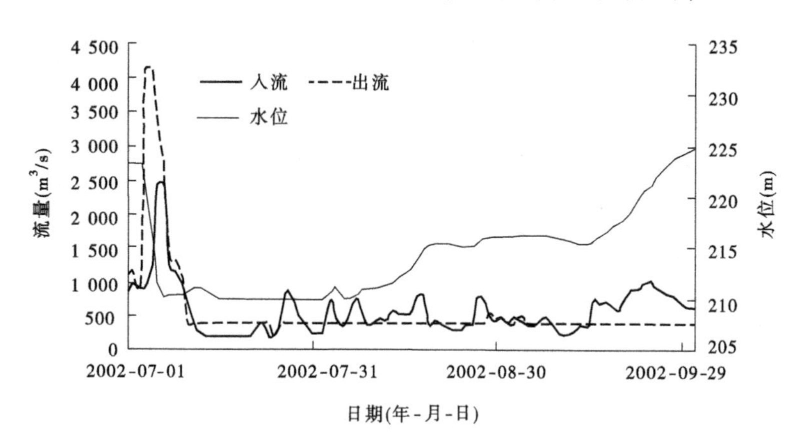

图5-14　优化方案汛期调水过程(第三类高含沙洪水方案)

表5-21　小浪底水库出库及排沙统计(第三类高含沙洪水方案)

时段	入库沙量(亿t)	出库沙量(亿t)		冲淤量(亿t)		排沙比(%)	
		基础方案	优化方案	基础方案	优化方案	基础方案	优化方案
非汛期	0.19	0.03	0.03	0.16	0.16	15	15
汛期	4.25	0.73	2.29	3.52	1.96	17	54
全年	4.44	0.76	2.32	3.68	2.12	17	52

由图5-15可见,水库沿程均发生不同程度的淤积,但近坝段淤积更为明

显，基础方案由于汛期蓄水较高（汛期水位一般在 225 m 左右），淤积部位靠上，主要淤积在距坝 20 km 的变动回水区附近；优化方案汛期水位较低（一般在 215 m 左右），但又未发生大幅度的排沙，所以淤积主要发生在近坝 20 km 以内。

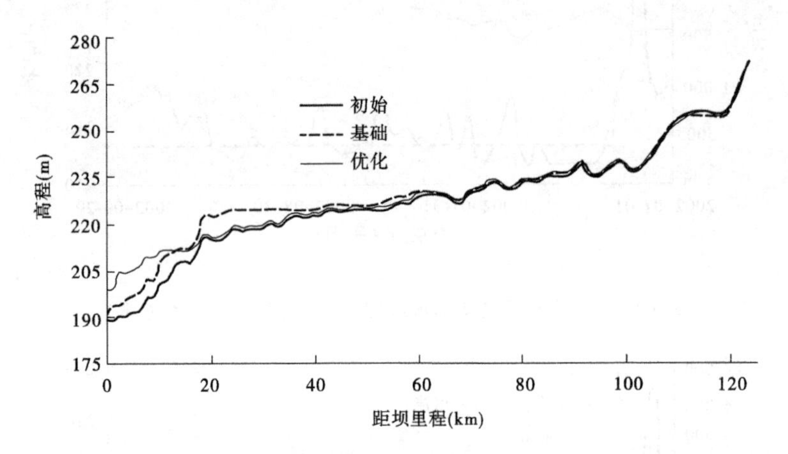

图 5-15　小浪底水库纵剖面对比（第三类高含沙洪水方案）

5.3.2.3　黄河下游冲淤计算结果

1. 各方案水沙条件

由表 5-22 可见，各方案进入黄河下游小黑武三站年水量为 227 亿 m^3，其中非汛期水量 169 亿 m^3，汛期水量 58 亿 m^3；年沙量基础方案约为 0.81 亿 t，优化方案约为 2.37 亿 t。

表 5-22　计算系列水量、沙量统计

时段（年-月-日）	方案	进口		
		小浪底	黑武	小黑武
2001-11-01 ~ 2002-06-30	水量（亿 m^3）	164	5	169
	基础方案沙量（亿 t）	0.03	0.02	0.05
	优化方案沙量（亿 t）	0.03	0.02	0.05
2002-07-01 ~ 2002-10-31	水量（亿 m^3）	54	4	58
	基础方案沙量（亿 t）	0.73	0.08	0.81
	优化方案沙量（亿 t）	2.29	0.08	2.37

无论是基础方案还是优化方案，小浪底出库均无大流量发生，没有超过下游平滩流量的大洪水过程，仅在 7 月上旬发生一场小洪水，洪水流量和含沙量峰值均不大，基础方案分别为 2 498 m^3/s、28.2 kg/m^3；优化方案分别为 4 200 m^3/s、206 kg/m^3。

2. 冲淤分布

由表 5-23 可知，非汛期全下游冲刷了 0.517 亿 t，从分河段看，小浪底至艾山为主要冲刷河段，共冲刷了 0.541 亿 t；艾山至利津河段稍微淤积，淤积了 0.024 亿 t。

表 5-23　非汛期冲淤量统计　（单位：亿 t）

分布	水量（亿 m^3）	沙量（亿 t）	小—花	花—夹	夹—高	高—孙	孙—艾	艾—泺	泺—利	全河段
主槽	169	0.05	-0.14	-0.17	-0.12	-0.08	-0.031	0.011	0.013	-0.517
滩地			0	0	0	0	0	0	0	0
全断面			-0.14	-0.17	-0.12	-0.08	-0.031	0.011	0.013	-0.517

由表 5-24 可知，基础方案汛期进入下游的水量为 58 亿 m^3、沙量为 0.81 亿 t，来沙系数约为 0.025 $kg \cdot s/m^3$，整个汛期表现为微淤，全下游淤积量为 0.178 亿 t，其中小浪底至高村河段淤积量占总淤积量的 80.0%。优化方案整个汛期进入下游的水量为 58 亿 m^3、沙量为 2.37 亿 t，来沙系数约为 0.075 $kg \cdot s/m^3$，但由于整体沙量较小，全下游淤积量为 0.77 亿 t，其中小浪底至高村河段淤积量占总淤积量的 70.0%。

表 5-24　汛期冲淤量统计　（单位：亿 t）

方案	水量（亿 m^3）	沙量（亿 t）	分布	小—花	花—夹	夹—高	高—孙	孙—艾	艾—泺	泺—利	全河段
基础方案	58	0.81	主槽	0.055	0.044	0.044	0.019	0.008	0.005	0.005	0.18
			滩地	0	0	0	0	0	0	0	0
			全断面	0.055	0.044	0.044	0.019	0.008	0.005	0.005	0.178
优化方案	58	2.37	主槽	0.17	0.21	0.16	0.09	0.04	0.02	0.08	0.77
			滩地	0	0	0	0	0	0	0	0
			全断面	0.17	0.21	0.16	0.09	0.04	0.02	0.08	0.77

3. 平滩流量变化

黄河下游主要控制站平滩流量变化见表 5-25。非汛期主槽发生冲刷，平滩流量增加,其中花园口、夹河滩和高村等站增加较大,在 100~170 m³/s;其余河段也有所变化,一般在 20~50 m³/s。

表 5-25 黄河下游主要控制站平滩流量变化值统计 (单位:m³/s)

	时段	花园口	夹河滩	高村	孙口	艾山	泺口	利津
方案	初始	7 200	6 500	6 100	4 350	4 250	4 600	4 650
	非汛期结束	7 300	6 670	6 230	4 400	4 270	4 580	4 630
	变化	100	170	130	50	20	-20	-20
基础方案	汛期结束	7 280	6 630	6 200	4 390	4 241	4 560	4 620
	变化	-20	-40	-30	-10	-29	-20	-10
优化方案	汛期结束	7 200	6 490	6 100	4 340	4 150	4 520	4 580
	变化	-100	-180	-130	-60	-120	-60	-50

汛期河道发生淤积,淤积均发生在主槽,使平滩流量有所减小。基础方案各河段平滩流量略有减小,均在 50 m³/s 以内;优化方案平滩流量减少略大,高村以上减少 100~150 m³/s,高村以下减少 50~150 m³/s。

5.3.3 小结

第三类高含沙洪水年,由于这类洪水沙量较小,且洪水流量也较小,水库调控方案旨在充分利用花园口以上河段较大的槽库容,暂时滞流高含沙小洪水挟带的部分沙量(这部分泥沙可由后续清水冲走),达到提高整个运用年输沙效率以及小浪底水库排沙比的目标。本书以 2002 年为典型洪水年,进行了 2 个方案的计算,得出主要认识如下:

(1)基础方案:运用年小浪底水库几乎没有高含沙洪水排沙机会。方案计算结果表明,运用年结束后,小浪底水库淤积为 3.66 亿 t,排沙比仅为 17%;黄河下游主槽淤积 0.34 亿 t,平滩流量略有增加,最大增加值不超过 100 m³/s。

(2)改进方案:降低高含沙洪水预泄条件,将高含沙洪水流量指标由 2 600 m³/s 降低为 1 500 m³/s,含沙量由 200 kg/m³减小为 100 kg/m³,空库迎洪。方案计算结果表明,运用年结束后,小浪底水库淤积减少为 2.12 亿 t,排沙比增加为 53%;汛期黄河下游主槽淤积 0.77 亿 t,其中花园口以上河段淤积 0.17 亿 t,高村以上河段淤积 0.54 亿 t;年内黄河下游主槽淤积 0.25 亿 t,

平滩流量没有明显变化,维持在 4 150 ~ 7 200 m^3/s。

建议:目前花园口以上河段平滩流量超过 7 200 m^3/s,高村以上河段平滩流量超过6 100 m^3/s,为利用这部分主槽库容特别是花园口以上河段主槽库容滞留高含沙小洪水泥沙,一方面提高河道年内输沙效率,另一方面提高小浪底水库排沙比,建议对第三类高含沙洪水采用改进方案。

5.4　长系列高含沙洪水年调控方案

5.4.1　优化方案调度指令

三门峡水库、小浪底水库基础方案仍与第一类高含沙洪水相同。

小浪底水库优化调控方案:该系列中满足高含沙洪水运用条件(日均流量大于 2 600 m^3/s,且当日含沙量大于 200 kg/m^3)的洪水场次较少。另外,由于基础运用中,汛期最大可调水量为 13 亿 m^3,遇高含沙洪水时即使提前 2 d 凑泄下游平滩流量预泄,有时也难以降至较低水位迎接高含沙入库;汛期非高含沙运用时亦常处于较高水位,对小浪底水库排沙不利。基于此,确定小浪底水库的优化调控思路如下:①降低高含沙判别标准,增加水库排沙机会;②降低主汛期蓄水量,使水库处于相对较低运用水位,增加水库排沙。调控指令及方案设置如下。

5.4.1.1　小高含沙洪水调度

在非特大洪水(小黑武流量小于 10 000 m^3/s)时,若入库连续 2 d 日均流量大于 2 000 m^3/s,且日均含沙量大于 100 kg/m^3,即进入小高含沙运用,具体指令见图 5-16。

(1)提前 2 d 预泄。预泄原则为凑泄下游平滩流量,确保坝前水位不低于 210 m。

(2)小高含沙洪水期间。按基础方案高含沙洪水运用调度;当入库日均流量小于 1 000 m^3/s 时,调控结束,恢复基础方案运用;确保坝前水位不低于 210 m。

5.4.1.2　汛期蓄水量限制

1.7 月 1 ~ 10 日

将 6 月底保留的 8 亿 m^3 蓄水泄至 210 m 水位,具体指令见图 5-17。根据当日可调水量和距 7 月 10 日的天数动态计算水库蓄水量日均减少值,在保证防洪运用和灌溉流量的基础上,至 7 月 10 日水库水位降至 210 m。

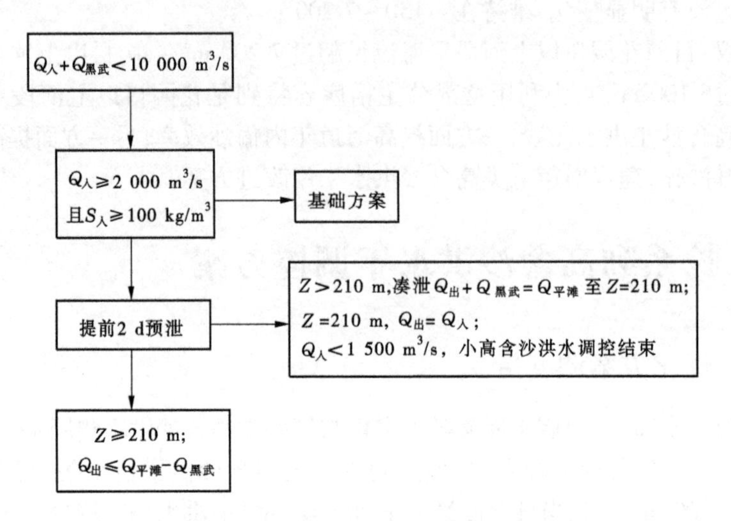

图5-16 优化方案小高含沙洪水调度指令

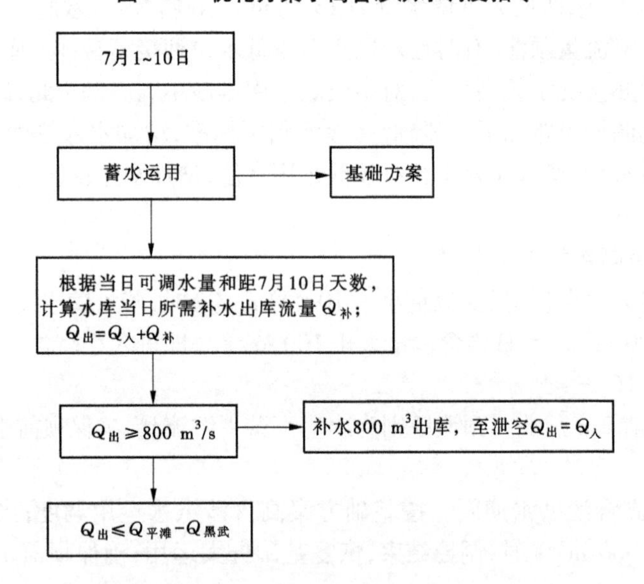

图5-17 优化方案调度指令(7月1~10日)

2.7月11日至9月10日

在主汛期的蓄水运用时段,保证水库最大蓄水量不超过3亿m^3、6亿m^3、7亿m^3,设置3组优化方案,见表5-26。调度指令见图5-18。

表 5-26　方案设置

方案	运用方式	主汛期
基础方案	拦沙后期推荐方式； 多年调节泥沙，相机降水冲刷	可调水量大于 6 亿 m^3 相机凑泄造峰； 可调水量达到 13 亿 m^3 蓄满造峰
优化方案 1	加入小高含沙洪水运用； 降低汛期蓄水量和坝前水位	汛初水位降至 210 m； 主汛期蓄水量不超过 3 亿 m^3
优化方案 2	加入小高含沙洪水运用； 降低汛期蓄水量和坝前水位	汛初水位降至 210 m； 汛期蓄水量不超过 6 亿 m^3
优化方案 3	加入小高含沙洪水运用； 降低汛期蓄水量和坝前水位	汛初水位降至 210 m； 主汛期蓄水量不超过 7 亿 m^3； 可调水量大于 6 亿 m^3 相机凑泄造峰

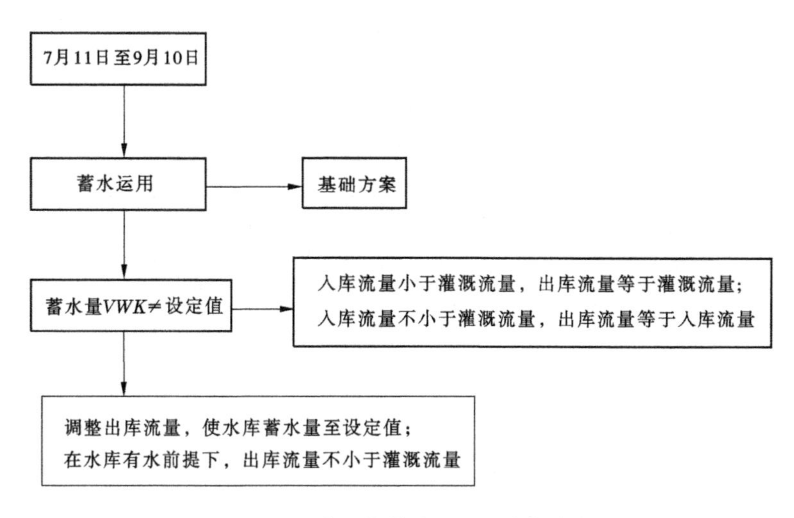

图 5-18　主汛期蓄水运用调度指令

5.4.2　长系列高含沙洪水方案计算结果

5.4.2.1　三门峡水库计算结果分析

计算时段内存在明显的年内冲淤交替，以及非汛期发生淤积，汛期发生冲刷，年际间基本平衡。具体来看，由于三门峡水库汛期运用方式中，汛期遇流量大于 1 500 m^3/s 即敞泄，敞泄机会较多，1996 年和 2003 年水量较大，冲刷量较多。三门峡水库 10 年累计淤积 0.01 亿 t，比实际运用情况减少 0.75 亿 t，见表 5-27。

表 5-27　出库沙量及排沙比分析统计

时段	入库沙量(亿 t)	出库沙量(亿 t)		冲淤量(亿 t)		排沙比(%)	
		方案	实测	方案	实测	方案	实测
1994 年汛期	10.30	12.14	12.13	-1.84	-1.82	118	118
1995 年非汛期	1.87	0.13	0	1.74	1.86	7	0
1995 年汛期	6.78	9.32	8.22	-2.54	-1.43	137	121
1996 年非汛期	2.01	0.26	0.14	1.75	1.87	13	7
1996 年汛期	9.63	13.01	11.01	-3.39	-1.38	135	114
1997 年非汛期	1.22	0.08	0.03	1.14	1.19	7	2
1997 年汛期	4.11	4.06	4.25	0.06	-0.14	99	103
1998 年非汛期	2.17	0.57	0.26	1.60	1.91	26	12
1998 年汛期	4.26	5.03	5.46	-0.76	-1.20	118	128
1999 年非汛期	1.63	0.10	0.07	1.53	1.56	6	4
1999 年汛期	3.73	4.23	4.91	-0.50	-1.18	113	132
2000 年非汛期	1.54	0.11	0.23	1.43	1.31	7	15
2000 年汛期	1.97	2.37	3.34	-0.40	-1.37	120	170
2001 年非汛期	0.66	0.02	0	0.63	0.66	3	0
2001 年汛期	2.71	2.61	2.94	0.10	-0.23	96	108
2002 年非汛期	1.86	0.47	0.98	1.39	0.88	25	53
2002 年汛期	2.64	2.65	3.49	-0.01	-0.86	100	132
2003 年非汛期	0.67	0.04	0	0.63	0.67	6	0
2003 年汛期	5.38	8.71	7.76	-3.33	-2.37	162	144
2004 年非汛期	0.83	0.05	0	0.78	0.83	6	0
合计	65.98	65.96	65.22	0.01	0.76	100	99
年均	6.597	6.596	6.522	0.001	0.076		

5.4.2.2　小浪底水库计算结果分析

1. 洪水调控过程分析

受水库运用影响,基础方案水位变幅较大,主汛期一般在 217 ~ 235 m;汛期发生了防洪运用、蓄满造峰和凑泄造峰,结合入库含沙过程可知,入库含沙量较高时,坝前水位一般在 225 m 左右。

优化方案中,无论是 3 亿 m^3、6 亿 m^3 还是 7 亿 m^3 蓄水量,仅在蓄水运用时水位相对较高,分别为 219 m、225 m 和 217 m,在含沙洪水入库时,一般都能够低水位迎洪,一般在 210 ~ 215 m,见图 5-19。

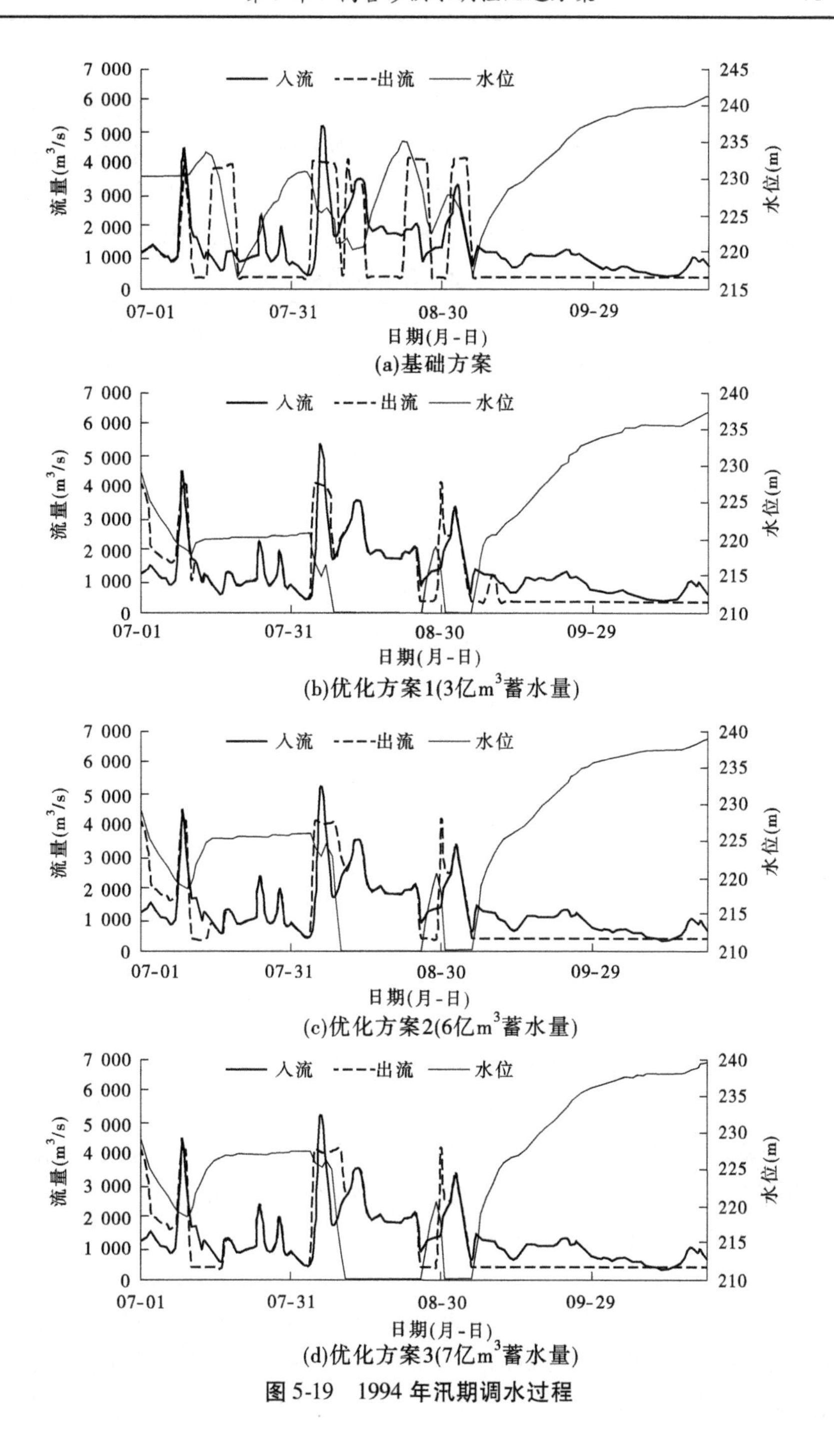

图5-19　1994年汛期调水过程

2. 水库冲淤

由表5-28可见，整个计算时段内无论是基础方案还是优化方案，均表现为淤积，基础方案在系列内淤积38.94亿t，排沙比仅为41%；优化方案水库淤积量有不同程度的减少，各优化方案的淤积量分别为19.27亿t、27.55亿t和30.68亿t，排沙比也有明显增加，分别为71%、58%和53%。

表5-28　小浪底水库出库及排沙统计

年份	入沙（亿t）	冲淤量（亿t）				排沙比（%）			
		基础方案	优化方案1	优化方案2	优化方案3	基础方案	优化方案1	优化方案2	优化方案3
1994	12.27	7.54	2.23	3.75	4.14	39	82	69	66
1995	9.58	6.63	3.86	5.37	5.73	31	60	44	40
1996	13.09	8.00	1.80	4.12	4.71	39	86	69	64
1997	4.63	2.20	1.74	1.77	1.77	52	63	62	62
1998	5.13	2.58	0.90	1.83	2.07	50	82	64	60
1999	4.34	2.67	0.39	0.98	1.68	39	91	77	61
2000	2.40	2.17	1.96	2.00	2.03	9	18	16	15
2001	3.09	1.47	2.57	2.68	2.66	53	17	13	14
2002	2.69	0.73	2.00	1.88	1.92	73	26	30	29
2003	8.75	4.95	1.82	3.17	3.97	43	79	64	55
合计	65.97	38.94	19.27	27.55	30.68	41	71	58	53
年均	6.60	3.89	1.93	2.76	3.07				

由图5-20可见，水库沿程均发生不同程度的淤积，但近坝段淤积更为明显，基础方案由于汛期蓄水较高（汛期水位一般在225 m左右），水库中上段也有明显淤积；优化方案汛期水位降低，因水位降低程度不同，淤积量和淤积分布也存在明显差别，3亿m^3蓄水方案在近坝段形成排沙漏斗。

5.4.2.3　黄河下游河道计算分析

1. 计算条件

各方案水沙统计见表5-29。由表5-29可见，各方案水量相同，平均水量为240亿m^3，最大水量发生在2003年，年水量355亿m^3；最小水量发生在2002年，年水量仅157亿m^3；根据进入下游的流量过程和平滩流量判断，计算时段内无

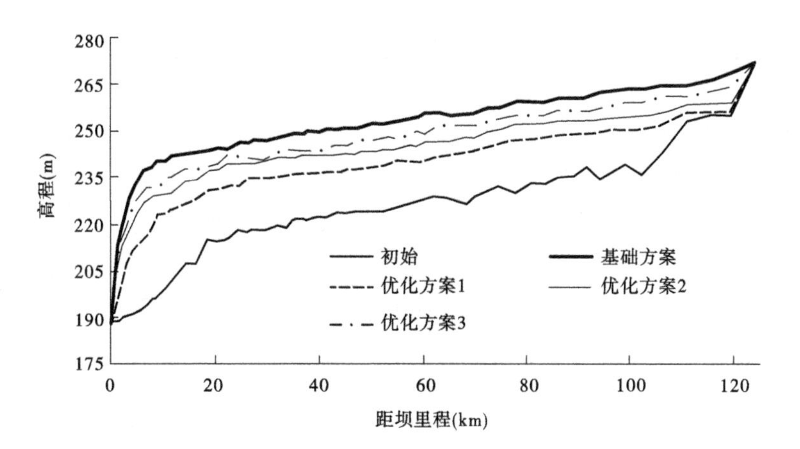

图 5-20　小浪底水库纵剖面对比

漫滩洪水；基础方案年平均沙量约为 2.7 亿 t，来沙系数为 0.014 kg · s/m³，优化方案年均沙量分别为 4.67 亿 t、3.84 亿 t 和 3.53 亿 t，来沙系数分别为 0.026 kg · s/m³、0.021 kg · s/m³ 和 0.019 kg · s/m³，较基础方案有明显增大。

表 5-29　进入黄河下游水沙情况统计

年份	水量（亿 m³）	基础方案				优化方案 1			
		流量大于 4 350 m³/s 天数（d）	沙量（亿 t）	平均含沙量（kg/m³）	来沙系数（kg · s/m³）	流量大于 4 350 m³/s 天数	沙量（亿 t）	平均含沙量（kg/m³）	来沙系数（kg · s/m³）
1994	292	0	4.73	16.20	0.018	0	10.04	34.39	0.037
1995	250	0	2.95	11.82	0.015	0	5.72	22.92	0.029
1996	283	0	5.09	17.99	0.020	0	11.29	39.90	0.044
1997	208	0	2.43	11.68	0.018	0	2.89	13.89	0.021
1998	234	0	2.55	10.91	0.015	0	4.23	18.10	0.024
1999	218	0	1.67	7.65	0.011	0	3.95	18.10	0.026
2000	192	0	0.23	1.20	0.002	0	0.44	2.29	0.004
2001	207	0	1.62	7.82	0.012	0	0.52	2.51	0.004
2002	157	0	1.96	12.46	0.025	0	0.69	4.39	0.009
2003	355	0	3.80	10.71	0.010	0	6.93	19.54	0.017
平均	240	0	2.70	11.28	0.014	0	4.67	19.50	0.026

续表 5-29

年份	水量(亿 m³)	优化方案 2				优化方案 3			
		流量大于 4 350 m³/s 天数(d)	沙量(亿 t)	平均含沙量(kg/m³)	来沙系数	流量大于 4 350 m³/s 天数	沙量(亿 t)	平均含沙量(kg/m³)	来沙系数(kg · s/m³)
1994	292	0	8.52	29.19	0.032	0	8.13	27.85	0.030
1995	250	0	4.21	16.87	0.021	0	3.85	15.43	0.019
1996	283	0	8.97	31.70	0.035	0	8.38	29.61	0.033
1997	208	0	2.86	13.74	0.021	0	2.86	13.74	0.021
1998	234	0	3.30	14.12	0.019	0	3.06	13.09	0.018
1999	218	0	3.36	15.40	0.022	0	2.66	12.19	0.018
2000	192	0	0.40	2.08	0.003	0	0.37	1.93	0.003
2001	207	0	0.41	1.98	0.003	0	0.43	2.08	0.003
2002	157	0	0.81	5.15	0.010	0	0.77	4.90	0.010
2003	355	0	5.58	15.73	0.014	0	4.78	13.48	0.012
平均	240	0	3.84	16.04	0.021	0	3.53	14.73	0.019

2. 冲淤分布

由于整个计算时段内未发生漫滩洪水,这里给出的淤积量即为主槽淤积量。表 5-30 ~ 表 5-33 为各方案冲淤分布。由表可见,基础方案呈现微冲趋势,计算时段内冲刷 2.956 亿 t,冲刷主要发生在花园口以上;夹河滩以下呈现微冲微淤交替,总体冲淤量不大。优化方案 1 呈现明显淤积,计算时段内淤积 4.307 亿 t,淤积主要分布在夹河滩以上,约占全下游淤积的 85%;优化方案 2 呈现微淤趋势,计算时段内,淤积量为 0.807 亿 t,高村以上表现为淤积,高村以下表现为微冲;优化方案 3 整体表现为微冲,计算时段内,冲刷 0.108 亿 t。

表 5-30　基础方案各河段冲淤分布　（单位：亿 t）

年份	小—花	花—夹	夹—高	高—孙	孙—艾	艾—泺	泺—利	全下游
1994	-0.301	-0.169	-0.031	-0.011	-0.087	-0.031	-0.123	-0.753
1995	-0.286	-0.143	-0.023	-0.039	-0.075	0.058	-0.087	-0.595
1996	-0.240	-0.097	0.023	0.066	-0.058	0.104	0.052	-0.150
1997	-0.279	-0.106	0.021	0.087	-0.056	0.071	-0.004	-0.266
1998	-0.287	-0.121	0.021	0.059	-0.061	0.090	0.050	-0.249
1999	-0.286	-0.118	0.014	0.063	-0.065	0.087	0.014	-0.291
2000	-0.289	-0.113	0.029	0.065	-0.065	0.092	0.063	-0.218
2001	-0.236	-0.075	0.038	0.101	-0.046	0.093	0.088	-0.037
2002	-0.168	-0.012	0.076	0.131	-0.036	0.100	0.075	0.166
2003	-0.387	-0.232	-0.034	-0.016	-0.067	0.091	0.082	-0.563
总计	-2.759	-1.186	0.134	0.506	-0.616	0.755	0.210	-2.956

表 5-31　优化方案 1 各河段冲淤分布　（单位：亿 t）

年份	水量（亿 m^3）	沙量	小—花	花—夹	夹—高	高—孙	孙—艾	艾—泺	泺—利	全下游
1994	291.91	10.04	1.167	0.581	0.431	0.235	0.118	0.057	0.097	2.686
1995	249.53	5.72	0.115	0.063	0.055	0.048	0.047	0.024	0.028	0.380
1996	282.98	11.29	1.220	0.694	0.487	0.215	0.155	0.204	0.214	3.189
1997	208.08	2.89	-0.042	-0.046	-0.024	0.008	-0.016	0.001	-0.007	-0.126
1998	233.72	4.23	-0.051	-0.035	-0.023	-0.029	-0.039	-0.001	-0.014	-0.192
1999	218.21	3.95	-0.024	-0.032	-0.033	0.018	-0.043	0.001	-0.011	-0.124
2000	191.95	0.44	-0.189	-0.208	-0.106	-0.050	-0.074	-0.039	-0.052	-0.718
2001	207.05	0.52	-0.166	-0.206	-0.117	-0.055	-0.073	-0.041	-0.053	-0.711
2002	157.27	0.69	-0.136	-0.170	-0.107	-0.030	-0.064	-0.031	-0.032	-0.570
2003	354.72	6.93	0.156	0.145	0.066	0.052	0.022	0.013	0.039	0.493
总计	2 395.42	46.70	2.050	0.786	0.629	0.412	0.033	0.188	0.209	4.307

表 5-32　优化方案 2 各河段冲淤分布　（单位：亿 t）

年份	水量（亿 m^3）	沙量	小—花	花—夹	夹—高	高—孙	孙—艾	艾—泺	泺—利	全下游
1994	291.91	8.52	0.555	0.438	0.264	0.209	0.238	0.126	0.033	1.862
1995	249.53	4.21	-0.083	-0.051	-0.039	0.015	-0.034	0.004	-0.029	-0.217
1996	282.98	8.97	0.876	0.609	0.274	0.199	-0.039	-0.023	0.083	1.978
1997	208.08	2.86	-0.137	-0.078	-0.083	-0.054	-0.053	-0.041	-0.026	-0.472
1998	233.72	3.30	-0.111	-0.099	-0.066	-0.016	-0.061	-0.013	-0.040	-0.405
1999	218.21	3.36	-0.150	-0.082	-0.064	-0.015	-0.062	-0.008	-0.023	-0.404
2000	191.95	0.40	-0.248	-0.173	-0.080	-0.062	-0.099	-0.055	-0.065	-0.781
2001	207.05	0.41	-0.232	-0.176	0.096	-0.072	-0.099	-0.058	-0.069	-0.610
2002	157.27	0.81	-0.167	-0.113	-0.083	-0.033	-0.085	-0.039	-0.041	-0.562
2003	354.72	5.58	0.133	0.123	0.056	0.044	0.018	0.011	0.033	0.418
总计	2 395.42	38.42	0.436	0.397	0.275	0.214	-0.274	-0.097	-0.144	0.807

表 5-33　优化方案 3 各河段冲淤分布　（单位：亿 t）

年份	水量（亿 m^3）	沙量	小—花	花—夹	夹—高	高—孙	孙—艾	艾—泺	泺—利	全下游
1994	291.91	8.13	0.502	0.392	0.227	0.179	0.223	0.109	0.029	1.662
1995	249.53	3.85	-0.092	-0.057	-0.045	0.013	-0.036	0.003	-0.033	-0.247
1996	282.98	8.38	0.793	0.545	0.236	0.171	-0.042	-0.027	0.073	1.750
1997	208.08	2.86	-0.151	-0.087	-0.096	-0.063	-0.057	-0.047	-0.029	-0.531
1998	233.72	3.06	-0.123	-0.111	-0.077	-0.019	-0.065	-0.015	-0.045	-0.454
1999	218.21	2.66	-0.166	-0.092	-0.074	-0.017	-0.066	-0.009	-0.026	-0.451
2000	191.95	0.37	-0.274	-0.193	-0.093	-0.072	-0.106	-0.064	-0.073	-0.875
2001	207.05	0.42	-0.256	-0.197	0.083	-0.084	-0.106	-0.067	-0.078	-0.705
2002	157.27	0.77	-0.184	-0.126	-0.096	-0.038	-0.091	-0.045	-0.046	-0.628
2003	354.72	4.78	0.120	0.110	0.048	0.038	0.017	0.010	0.029	0.372
总计	2 395.42	35.29	0.169	0.184	0.113	0.107	-0.329	-0.152	-0.199	-0.108

3. 平滩流量变化

黄河下游主要控制站平滩流量变化见表5-34。

表5-34　黄河下游主要控制站平滩流量变化值统计　（单位：m^3/s）

方案	河段	花园口	夹河滩	高村	孙口	艾山	泺口	利津
	初始	7 200	6 500	6 100	4 350	4 250	4 600	4 650
基础方案	结束	7 900	7 180	5 460	4 120	4 440	4 330	4 550
	变化	700	680	-640	-230	190	-270	-100
优化方案1	结束	6 250	5 720	5 430	4 080	4 210	4 460	4 550
	变化	-950	-780	-670	-270	-40	-140	-100
优化方案2	结束	6 890	6 100	5 810	4 210	4 580	4 670	4 720
	变化	-310	-400	-290	-140	330	70	70
优化方案3	结束	7 080	6 320	5 980	4 280	4 500	4 710	4 740
	变化	-120	-180	-120	-70	250	110	90

基础方案主槽发生冲刷，平滩流量增加，其中花园口、夹河滩和艾山等站增加较大，在500 m^3/s以上；夹河滩以下由于冲淤特性不一，部分河段有所增加，如艾山河段增加191 m^3/s；其余河段有所减少，一般在150~250 m^3/s。

优化方案1和优化方案2河道发生淤积，淤积均发生在主槽，使平滩流量有所减小。优化方案1高村以上减小500 m^3/s以上，高村以下减小300 m^3/s以内；优化方案2减小较少，高村以上一般减小300~400 m^3/s，艾山以下河道平滩流量略有增加。

优化方案3高村以上略有减小，一般减小100~200 m^3/s，高村以下由于发生冲刷，平滩流量增大100~250 m^3/s。

5.4.3　小结

同样量级的高含沙洪水，处于不同的水沙系列，对河道冲淤及防洪影响不同。在丰沙系列，下游河道处于淤积萎缩状态，高含沙洪水进入下游河道，将造成严重的淤积及主槽萎缩，水库调控需充分利用滩地库容滞沙。在少沙系列，特别是如近期水沙较为有利的系列，高含沙洪水在黄河下游造成的大部分淤积将被后续水流冲刷输走，水库调控可以排沙为主。对一般含沙水流系列，水库对高含沙洪水的调控既要考虑水库的淤积情况，还要考虑下游主槽的淤积萎缩、河道输沙效率等因素。这类系列是未来最常见的水沙系列,也是未来发生概率最大的系列。这类调控旨在提出高含沙洪水的调控程度,具体调控指标主要体现在主汛期水库蓄水体,蓄水体预泄流量、指标,以反映迎峰阶段的空库程度及空库频次。蓄水体越大,基础方案 6 亿 ~ 13 亿 m^3,水库高水位迎峰的概率越大,高水位排沙时间长,水库淤积多;蓄水体越小,水库空库的概率越大,空库排沙时间长,水库淤积少。本书以 1994 年 7 月 1 日至 2004 年 6 月 30 日作为典型系列年,进行了 4 个方案的计算,得出主要认识如下:

(1)基础方案:小浪底水库蓄满造峰调控水体 13 亿 m^3,高含沙洪水流量指标 2 600 m^3/s,含沙量 200 kg/m^3。方案计算结果表明,小浪底水库年均淤积 3.89 亿 t,排沙比为 40.97%;黄河下游没有发生漫滩洪水,冲淤均发生在主槽,全下游主槽年均冲刷 0.3 亿 t;黄河下游各河段平滩流量变化不同,有增加、有减少,系列结束后,平滩流量在 4 120 ~ 7 897 m^3/s 范围。

(2)优化方案 1、优化方案 2 和优化方案 3:高含沙洪水标准降低为流量 1 500 m^3/s,含沙量 100 kg/m^3;调控水体分别为 3 亿 m^3、6 亿 m^3、7 亿 m^3。方案计算结果表明,各方案小浪底水库淤积量依次增加,优化方案 3 淤积量最大,为 3.07 亿 t,排沙比最大为 53.5%;黄河下游河道主槽淤积依次减少,优化方案 3 全河段基本处于冲淤平衡阶段,主槽冲刷 0.11 亿 t,且高村以上河段淤积,高村以下河段冲刷。

在目前黄河下游河床粗化严重、冲刷效率较低的情况下,利用水库调控使下游河道处于微冲微淤的状态,保持主槽基本冲淤平衡,实现高效输沙且水库排沙比增加的有效途径,建议采用优化方案 3,对径流量为 211.2 亿 m^3、年沙量为 6.6 亿 t 的长系列水沙过程进行调控。

5.5　古贤水库调控高含沙洪水作用分析

5.5.1　基本情况

古贤水利枢纽工程位于黄河北干流河段下段,上距碛口坝址 238.4 km,下距壶口瀑布 10.1 km。枢纽所处的黄河中游干流河口镇—禹门口河段(也称大北干流河段)为 725 km 的连续峡谷,河段落差 607 m,平均比降为 8.4‱。黄河河口镇—龙门区间流域面积约 11 万 km^2,其中多沙粗沙区面积为 5.99 万 km^2,流域面积大于 1 000 km^2的支流有 22 条,且绝大部分来自水土流失严重的黄土丘陵沟壑区,区间来沙占全河泥沙的 56%,是黄河泥沙特别是粗泥沙的主要来源区。吴堡站、龙门站实测多年(1919～2005 年)平均水量分别为 263.0 亿 m^3、290.5 亿 m^3,年沙量分别为 5.05 亿 t、8.57 亿 t,分别控制了全河粗沙量(d>0.05 mm)的 56.8% 和 80%。

黄河干流碛口—禹门口河段,位于大北干流河段的下段,河道长度 310 km,落差 288 m,平均比降 9.3‱,河谷深切,两岸陡峻,河谷底宽一般为 400～600 m。在峡谷出口以上约 65 km 处,为黄河壶口瀑布。碛口—禹门口河段区间流域面积为 6.7 万 km^2,其中多沙粗沙区面积约 3.7 万 km^2,两岸支流众多,流域面积大于 1 000 km^2 的入黄支流有 9 条,区间多年平均产水量仅 27.5 亿 m^3,而年沙量达 3.52 亿 t。其中的湫水河、无定河、清涧河、延河泥沙中值粒径分别达到 0.037 mm、0.035 mm、0.029 mm、0.031 mm,区间粗沙量(d>0.05 mm)占全沙量的比例约为 24%,是黄河洪水泥沙的主要来源区之一。

古贤水利枢纽是黄河干流梯级开发规划总体布局中七大骨干工程之一,是黄河水沙调控体系的重要组成部分,以防洪减淤为主,兼顾发电、供水和灌溉等综合利用为主要目标。

根据古贤水利枢纽工程项目建议书阶段的成果:古贤水库设计死水位 594 m,正常蓄水位 633 m,汛限水位 622.6 m,水库总库容 146.6 亿 m^3,兴利库容 15 亿 m^3,调水调沙库容 20 亿 m^3。古贤水库不仅库容大,而且控制了黄河洪水、泥沙的主要来源区,特别是粗泥沙来源区,同时距离小浪底水利枢纽较近,具有独特的地理优势,在黄河水沙调控体系中具有重要的战略地位。

利用古贤水利枢纽工程,可激活黄河水沙调控体系中游水沙调控子体系的功能,古贤水库既可对黄河上游水沙进行有效调控,又可为下游的三门峡水库、小浪底水库提供水流动力条件,在黄河水沙调控体系的总体布局中起着承上启下的关键作用,其战略地位极为重要。

同时,古贤水库的防洪运用可减轻三门峡水库的蓄洪负担,降低三门峡水库滞洪水位,减少对渭河顶托倒灌的影响,减少三门峡库区淤积和常遇洪水的淹没损失;对小浪底和黄河下游的淤积也有减缓作用。

5.5.2　古贤水库调控高含沙洪水方式

对于沙量较大的洪水(如"1977 年"型),水沙量不协调,势必会造成小浪底水库或黄河下游的大量淤积。如能利用古贤水库对小北干流水沙进行有效调控,塑造相对合理的水沙关系,可为下游的三门峡水库、小浪底水库提供水流动力条件,减少三门峡库区、小浪底库区和黄河下游的淤积。

根据小北干流的水沙过程和古贤水库的运用特征,拟在 7 月 1 日至 8 月

31 日采取以下措施考虑古贤水库对水沙的调控作用。方案设置见表 5-35。

表 5-35 方案设置

方案编号	古贤水库运用方式
基础方案	不考虑古贤水库运用
优化方案 1	7 月 1 日至 8 月 31 日:流量控泄 3 000 m^3/s; 出库含沙量按龙门站的 50%
优化方案 2	7 月 1 日至 8 月 31 日:流量控泄 3 000 m^3/s; 出库含沙量按龙门站的 30%
优化方案 3	7 月 1 日至 8 月 31 日:流量控泄 3 000 m^3/s; 出库含沙量按龙门站的 10%

(1)流量方面,当小北干流龙门站流量大于 3 000 m^3/s 时,古贤水库按照小北干流平滩流量 3 000 m^3/s 控泄;当龙门站流量小于 3 000 m^3/s 时,水库不调蓄。

(2)含沙量方面,针对"1977 年"型高含沙洪水,在 7 月、8 月两个月,龙门站含沙量分别按 50%、30% 和 10% 含沙量出库。

5.5.3 各方案计算结果

5.5.3.1 三门峡水库计算结果分析

由表 5-36 可知,无论是基础方案还是优化方案,淤积主要发生在非汛期,淤积量为 1.29 亿 t;汛期基础方案和优化方案 1、优化方案 2 表现为微淤,优化方案 3 表现为微冲,但冲淤量均不大。

表 5-36 出库沙量及排沙比分析统计

时段	基础方案				优化方案 1			
	入库沙量(亿 t)	出库沙量(亿 t)	冲淤量(亿 t)	排沙比(%)	入库沙量(亿 t)	出库沙量(亿 t)	冲淤量(亿 t)	排沙比(%)
非汛期	1.40	0.12	1.28	8.32	1.4	0.12	1.28	8.57
7 月 6 日至 7 月 9 日	6.85	6.70	0.15	97.81	3.44	2.29	1.15	66.57
8 月 3 日至 8 月 9 日	8.73	8.30	0.43	95.07	4.55	3.58	0.97	78.68
汛期	20.65	20.14	0.51	97.53	11.55	11.36	0.19	98.35
全年	22.05	20.26	1.78	91.92	12.95	11.48	1.47	88.65

续表 5-36

时段	优化方案 2				优化方案 3			
	入库沙量(亿 t)	出库沙量(亿 t)	冲淤量(亿 t)	排沙比(%)	入库沙量(亿 t)	出库沙量(亿 t)	冲淤量(亿 t)	排沙比(%)
非汛期	1.41	0.12	1.29	8.51	1.40	0.12	1.28	8.57
7 月 6 日至 7 月 9 日	2.40	1.58	0.82	65.83	1.78	1.17	0.61	65.73
8 月 3 日至 8 月 9 日	3.18	2.43	0.75	76.42	2.35	1.63	0.72	69.36
汛期	8.39	8.18	0.21	97.50	6.50	6.51	-0.01	100.15
全年	9.80	8.30	1.50	84.69	7.90	6.63	1.27	83.92

5.5.3.2　小浪底水库计算结果

由表 5-37 可见，整个计算时段内无论是基础方案还是优化方案，均表现为淤积，基础方案淤积为 9.59 亿 t，排沙比为 52.67%；优化方案依次减少，分别淤积 6.59 亿 t、4.80 亿 t 和 3.87 亿 t，但优化方案排沙比整体低于基础方案，约为 42%。

表 5-37　小浪底水库出库及排沙统计

时段	基础方案				优化方案 1			
	入库沙量(亿 t)	出库沙量(亿 t)	冲淤量(亿 t)	排沙比(%)	入沙(亿 t)	出沙(亿 t)	冲淤量(亿 t)	排沙比(%)
非汛期	0.12	0.01	0.11	9.10	0.12	0.01	0.11	9.10
7 月洪水	6.87	3.89	2.98	56.62	2.29	1.53	0.76	66.81
8 月洪水	9.25	5.67	3.58	61.30	3.58	2.26	1.32	63.13
汛期	20.14	10.66	9.48	52.93	11.36	4.88	6.48	42.96
全年	20.26	10.67	9.59	52.67	11.48	4.89	6.59	42.77
时段	优化方案 2				优化方案 3			
	入沙(亿 t)	出沙(亿 t)	冲淤量(亿 t)	排沙比(%)	入沙(亿 t)	出沙(亿 t)	冲淤量(亿 t)	排沙比(%)
非汛期	0.12	0.01	0.11	9.10	0.12	0.01	0.11	9.10
7 月洪水	1.58	1.02	0.56	64.56	1.17	0.92	0.25	78.63
8 月洪水	2.43	1.64	0.79	67.49	1.63	1.08	0.55	66.26
汛期	8.18	3.49	4.69	42.67	6.51	2.75	3.76	42.24
全年	8.30	3.50	4.80	42.41	6.63	2.76	3.87	41.93

5.5.3.3 黄河下游河道计算分析

1. 黄河下游河道冲淤及分布

表5-38 给出的淤积量即为优化方案的主槽淤积量。由表5-38 可见，与基础方案相比，优化方案1 全年淤积量大幅度减小，全年计算淤积量0.151 亿 t；优化方案2 和优化方案3 在汛期亦表现为冲刷，全年冲刷量达到0.9 亿 t 以上。

表5-38 各方案冲淤分布 （单位：亿 t）

方案		水量(亿 m^3)	沙量	小—花	花—夹	夹—高	高—孙	孙—艾	艾—泺	泺—利	全下游
基础方案	汛期	173	10.66	0.500	0.495	0.315	0.350	0.142	0.152	0.287	2.241
	全年	383	10.67	0.240	0.269	0.220	0.258	0.059	0.166	0.312	1.524
优化方案1	汛期	167	4.97	0.261	0.228	0.144	0.093	0.047	0.013	0.082	0.868
	全年	377	4.98	0.001	0.002	0.049	0.001	-0.036	0.027	0.107	0.151
优化方案2	汛期	167	3.58	-0.065	-0.057	-0.036	-0.023	-0.012	-0.003	-0.021	-0.217
	全年	377	3.59	-0.325	-0.283	-0.131	-0.115	-0.095	0.011	0.004	-0.934
优化方案3	汛期	167	2.84	-0.196	-0.171	-0.108	-0.07	-0.035	-0.010	-0.062	-0.652
	全年	377	2.85	-0.456	-0.397	-0.203	-0.162	-0.118	0.004	-0.037	-1.369

2. 平滩流量变化

黄河下游主要控制站平滩流量变化见表5-39。

表5-39 黄河下游主要控制站平滩流量变化值统计 （单位：m^3/s）

方案	河段	花园口	夹河滩	高村	孙口	艾山	泺口	利津
	初始	7 200	6 500	6 100	4 350	4 250	4 600	4 650
基础方案	结束	7 105	6 312	5 955	4 196	3 977	4 375	4 418
	变化	-95	-188	-145	-154	-273	-225	-232
优化方案1	结束	7 238	6 534	6 089	4 353	4 167	4 533	4 557
	变化	38	34	-12	3	-83	-67	-93
优化方案2	结束	7 430	6 780	6 239	4 425	4 319	4 583	4 626
	变化	230	280	139	75	69	-17	-24
优化方案3	结束	7 523	6 893	6 316	4 456	4 335	4 606	4 654
	变化	323	393	216	106	85	6	4

基础方案主槽发生淤积，平滩流量减少，艾山—利津河段河宽较小，淤积

后平滩流量减小较多,减小为 220 ~ 273 m^3/s。

与基础方案相比,优化方案 1 平滩流量变化较小;优化方案 2 和优化方案 3 平滩流量在高村以上河段明显增加,一般增加 200 ~ 400 m^3/s,高村以下河段变化不明显。

5.5.4　古贤水库远景作用初步分析

根据《小浪底水库拦沙期防洪减淤运用方式研究技术报告》(黄河水利委员会已上报水利部)的推荐方案,在拦沙后期第三阶段即水库淤积量大于或等于 75.5 亿 m^3时,当水库累计淤积量大于或等于 79 亿 m^3时,先泄空水库蓄水,之后水库进行敞泄排沙,直至淤积量小于或等于 76 亿 m^3,在泄水过程中,小黑武流量不大于黄河下游河道平滩流量。在水库强迫排沙阶段,经常会发生出库水沙关系极不利于在下游河道输送的情况,导致河道严重淤积。因此,小浪底水库强迫排沙是在小浪底水库拦沙库容淤满、不具调沙能力时的被迫行为。该阶段若黄河再发生沙量较大的高含沙洪水,将给黄河下游主槽造成严重的淤积萎缩。此时,通过古贤水库拦沙,避免水库强制排沙,即无条件泄空蓄水,可有效减轻小浪底水库的调控压力及黄河下游河道的淤积。

以小浪底水库淤积至 75.5 亿 m^3时的地形(通过数学模型计算,亚洲银行项目)为初始条件,对第一类高含沙洪水进行方案计算,如图 5-21 所示。可以看出,对于 1977 年高含沙洪水基础方案计算结果表明,小浪底水库累计淤积量两次超过 79 亿 m^3,实施两次排沙过程。图 5-22 为小浪底水库出库水沙过程,可以看出,在强制排沙阶段,流量小于 2 000 m^3/s、含沙量大于 50 kg/m^3的高含沙小洪水经常出现,这将给黄河下游主槽造成严重淤积。

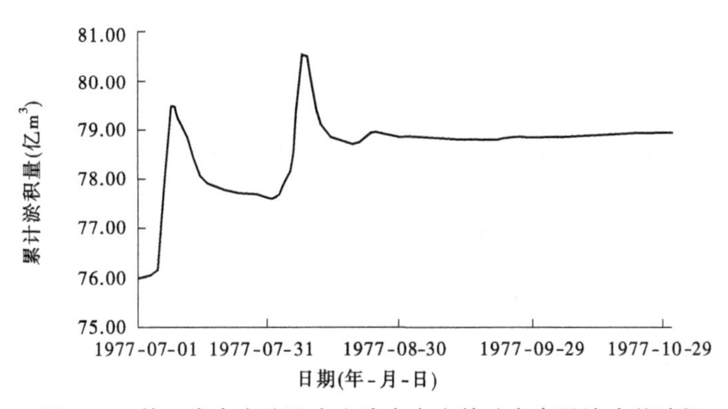

图 5-21　第一类高含沙洪水小浪底水库基础方案累计冲淤过程

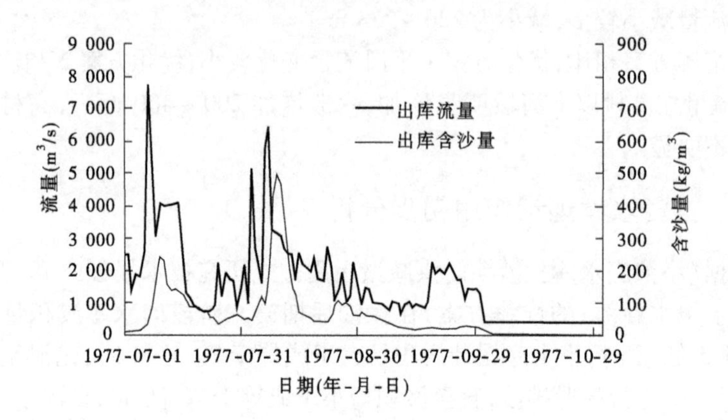

图 5-22　小浪底水库出库流量、含沙量过程

按照上述古贤水库拦沙方法，经过多方案计算，当古贤拦沙约 70% 时，小浪底水库即可避免强制排沙的情况发生，如图 5-23 所示，在整个高含沙洪水期及汛期，小浪底水库最大累计淤积量为 78.5 亿 m^3，没有超过 79 亿 m^3。

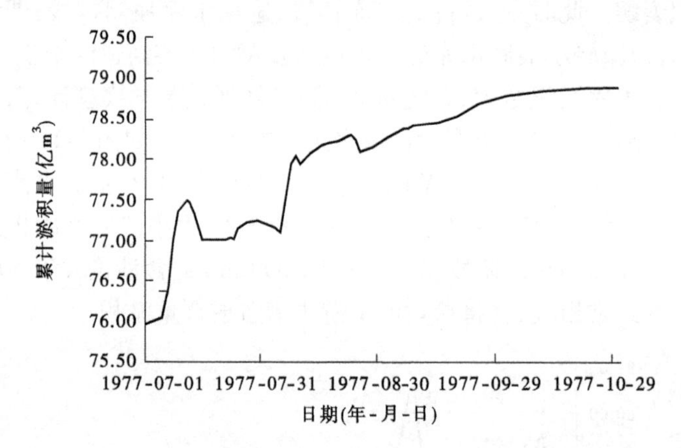

图 5-23　古贤水库拦沙 70% 后小浪底水库累计冲淤过程

对第二类高含沙洪水基础方案计算结果表明（见图 5-24），小浪底水库没有达到 79 亿 m^3 出现强制排沙的情况，也就是说对于这类洪水，古贤水库拦沙的作用在于进一步改善小浪底水库非强制排沙期黄河下游水沙搭配关系。

5.5.5　小结

类似 1977 年的高含沙洪水，无论水库如何调节，黄河下游及小浪底水库均不可避免地发生淤积，需利用古贤水库拦减部分泥沙，达到减轻水库河道淤

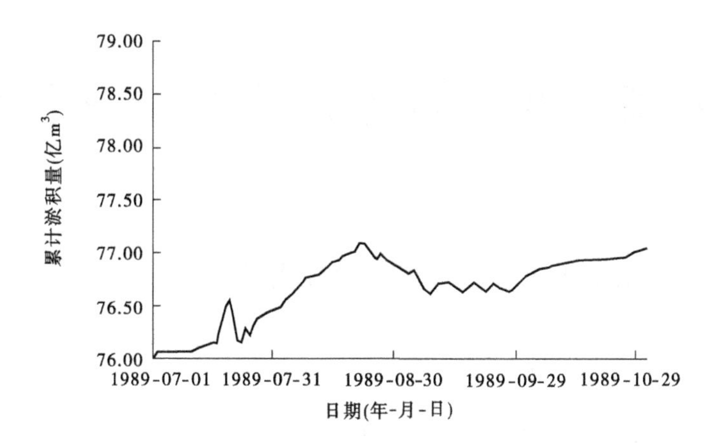

图 5-24　第二类高含沙洪水小浪底水库基础方案累计冲淤过程

积的目的。针对 1977 年高含沙洪水期间,古贤水库控制出库洪水流量不超过 3 000 m^3/s(约为目前的北干流平滩流量),输沙率按 40% ~60%,依次减少。设置 4 个方案,通过方案计算,得出主要认识如下:

(1)基础方案:古贤水库不拦沙,方案计算结果表明,运用年结束后,小浪底水库共淤积 9.59 亿 t,排沙比为 53%;黄河下游,主槽淤积 1.22 亿 t;平滩流量无明显变化,在 4 254 ~7 216 m^3/s。

(2)优化方案 1、优化方案 2 和优化方案 3:方案计算结果表明,运用年结束后,改进方案 3 即古贤水库拦减高含沙洪水沙量 50%,黄河下游可基本达到冲淤平衡,小浪底水库淤积 6.59 亿 t,较基础方案减少 3 亿 t。

(3)在拦沙后期第三阶段,即小浪底水库累计淤积量大于或等于 79 亿 m^3 时,水库强迫排沙,如遇高含沙洪水,这种运用将给黄河下游造成严重淤积。此时,古贤水库拦减高含沙洪水沙量的作用不可替代。计算结果表明,若发生第一类典型高含沙洪水,如 1977 年,古贤水库拦沙 70% 即可保证小浪底水库不进行强迫排沙。

第6章 小浪底水库运用措施优化

6.1 小浪底水库运用措施优化方案

6.1.1 优化调度思路

小浪底水库水沙条件不协调且地形复杂,使得库区干支流淤积形态与变化过程具有多样性、随机性与复杂性。除自然因素外,水库的淤积形态主要取决于水库的调度方式。

挟沙水流在淤积三角洲顶点附近,较粗颗粒泥沙分选淤积,水流挟带较细颗粒泥沙形成异重流向坝前输移,在近坝段河床质大多为细颗粒泥沙,这种黏性淤积物在尚未固结的情况下可看作宾汉体,甚至可用流变方程($\tau = \tau_b + \eta \frac{du}{dy}$)描述。当淤积物沿某一滑动面的剪应力超过了其极限剪切力 τ_b 时,则产生滑塌,有利于滩库容恢复。

研究认为,在水库运用过程中,若遇适当的洪水过程,降低运用水位形成自下而上的溯源冲刷。坝前异重流淤积段的冲刷与三角洲顶点的蚀退,有效恢复三角洲顶点以下库容,尽可能较长时期保持动态三角洲淤积形态。同时,三角洲顶点以上冲刷的泥沙在向坝前的输移过程中进行二次分选,较细颗粒泥沙排出水库。水库冲刷过程中出库的大多是库区下段与滩地相对较细的泥沙,在恢复库容的同时,不至于在下游河道造成较大的影响。

6.1.2 优化调度原则

优化调度原则是尽量较长时期维持三角洲淤积形态,在近坝段保持较大的调节库容;在恢复库容的同时应控制出库水沙组合与过程,减少或消除对黄河下游河道的不利影响。

6.1.3 优化调度措施

建立水库形态判别指标,主要包括三角洲顶点位置、近坝段比降、近坝段库容、三角洲面积及平均水深等关键参量，并将其与水库调控指令相关联进行优化调控。

以小浪底水库拦沙后期“多年调节泥沙，相机降水冲刷”运用方式为基础，考虑两种方法使库区形态与调控指令相关联，一是当水库形态指标不满足设定要求时，增加近坝段排沙机会，如在汛末伺机进行一次降水冲刷，出库不利的水沙组合对下游河道的影响，可待次年汛前调水调沙时予以消除或减缓；二是不增加新的冲刷机会，但在执行“相机降水冲刷”指令时适当延长或拓展（如增加造峰天数或优化控制指标等）。

本书提出具体优化措施包括：蓄满造峰期，可以根据头道拐基流，判别是否仍保留2亿 m^3 水量，若头道拐站未来6 d来水量超过4亿 m^3，即小浪底水库泄空后可以得到迅速补给，则小浪底水库不再保留2亿 m^3 水量；泄空冲刷以近坝段调节库容是否达到要求为度，亦可通过增加泄空天数进行控制；8月底前，若近坝段调节库容小于要求指标，且之后无大水冲刷机会，则根据水库蓄水或来水情况，在9月1～10日进行一次降水冲刷过程。

6.2　方案计算结果分析及对比

6.2.1　“1990”系列计算分析

6.2.1.1　水库计算结果分析

1. 冲淤过程分析

表6-1和图6-1分别为基础方案下泥沙淤积过程统计表和过程图。

表6-1　基础方案下库区累计淤积量成果　（单位：亿 m^3）

年序	累计淤积量			年淤积量			库区年淤积分组沙统计		
	库区	干流	支流	库区	干流	支流	细沙	中沙	粗沙
0	23.95	20.00	3.95						
1	29.57	24.86	4.71	5.62	4.86	0.76	3.16	1.56	0.90
2	31.59	26.38	5.21	2.02	1.52	0.50	1.04	0.60	0.38
3	36.61	30.41	6.20	5.02	4.03	0.99	2.78	1.41	0.83
4	39.18	32.33	6.85	2.57	1.92	0.65	1.30	0.77	0.50
5	43.83	35.60	8.23	4.65	3.27	1.38	2.80	1.20	0.65

续表 6-1

年份	累计淤积量			年淤积量			库区年淤积分组沙统计		
	库区	干流	支流	库区	干流	支流	细沙	中沙	粗沙
6	46.16	36.93	9.23	2.33	1.34	1.00	1.43	0.60	0.30
7	49.58	39.12	10.46	3.42	2.19	1.23	2.19	0.81	0.43
8	50.70	39.90	10.80	1.12	0.78	0.34	0.33	0.46	0.32
9	53.34	41.87	11.47	2.64	1.97	0.67	1.40	0.76	0.49
10	55.98	43.67	12.31	2.64	1.80	0.84	1.35	0.79	0.50
11	59.64	45.37	14.27	3.66	1.70	1.96	2.05	0.99	0.62
12	60.73	46.05	14.68	1.09	0.68	0.41	0.37	0.43	0.29
13	59.72	44.32	15.40	-1.01	-1.73	0.72	-0.53	-0.26	-0.22
14	65.53	49.18	16.35	5.81	4.86	0.95	2.68	1.78	1.36
15	68.06	51.07	16.99	2.53	1.89	0.64	1.42	0.67	0.44
16	72.70	54.07	18.63	4.65	3.00	1.64	2.66	1.25	0.74
17	74.89	55.47	19.42	2.19	1.40	0.79	1.35	0.54	0.29
18	79.22	58.49	20.73	4.33	3.02	1.31	2.33	1.21	0.79
19	77.11	55.64	21.47	-2.11	-2.85	0.74	-1.71	-0.36	-0.04
20	77.07	55.51	21.56	-0.04	-0.13	0.09	-0.16	0.04	0.08

注:表中淤积物干容重取为1.3,下同。

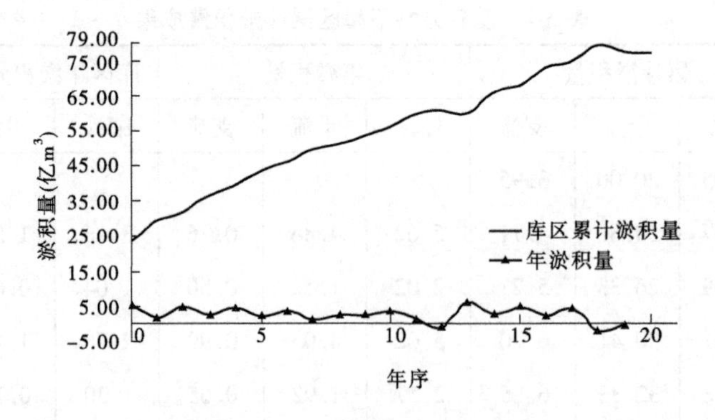

图 6-1　基础方案下库区冲淤过程

由图 6-1 可以看出，在第 18 年末水库淤积量达到 79 亿 m^3，进入强迫排沙阶段；重点分析大水大沙年（第 13 年、第 19 年），第 13 年发生降水冲刷时机较多，整个干流冲刷量较大（暂无法考虑支流口门破口，支流只淤不冲），达到 1.73 亿 m^3，尽管与物理模型试验仍有差别（物理模型试验约冲刷 4 亿 m^3），但在考虑河岸坍塌后冲刷量已明显加大；第 19 年进入强迫排沙后，发生较为剧烈冲刷，整个干流淤积量为 2.85 亿 m^3，与物理模型试验约差 3 亿 m^3。

表 6-2 为优化方案下泥沙淤积过程统计，从表中可以看出至第 20 年末，库区总淤积量仅为 66.86 亿 m^3，远小于拦沙期结束指标 79 亿 m^3。图 6-2 为两方案泥沙淤积过程对比，结合表 6-1 和表 6-2 可以看出，在第 5 年水库进入拦沙后期第二阶段（淤积量大于 42 亿 m^3），在此之前两者调控指令相同、淤积量毫无差异；此后，优化计算淤积量明显小于基础方案，最大相差 14 亿 m^3；至第 18 年初基础方案淤积量超过 79 亿 m^3，进入拦沙后期第三阶段进行强迫排沙，而优化方案直至第 20 年计算结束，淤积量亦未达到 79 亿 m^3。此外，优化方案下干流和支流的淤积速度均小于基础方案，表明优化措施不但减缓干流淤积速度，而且对支流淤积亦起到减缓作用，有利于保持支流库容。

表 6-2　优化方案下库区累计淤积量成果　（单位：亿 m^3）

年序	累计淤积量			年淤积量			库区年淤积分组沙统计		
	库区	干流	支流	库区	干流	支流	细沙	中沙	粗沙
0	23.95	20.00	3.95						
1	29.57	24.86	4.71	5.62	4.86	0.76	3.16	1.56	0.90
2	31.59	26.38	5.21	2.02	1.52	0.50	1.04	0.60	0.38
3	36.61	30.41	6.20	5.02	4.03	0.99	2.78	1.41	0.83
4	39.18	32.33	6.85	2.57	1.92	0.65	1.30	0.77	0.50
5	42.65	34.47	8.18	3.46	2.14	1.33	2.10	0.89	0.48
6	43.38	34.55	8.83	0.74	0.09	0.65	0.60	0.13	0.01
7	45.24	35.62	9.62	1.86	1.07	0.79	1.21	0.41	0.24
8	46.61	36.81	9.80	1.37	1.19	0.18	0.59	0.47	0.31
9	48.44	38.13	10.31	1.83	1.32	0.51	0.89	0.57	0.37
10	50.18	39.37	10.81	1.74	1.24	0.50	0.88	0.55	0.32
11	53.37	40.84	12.53	3.18	1.47	1.72	1.72	0.89	0.58

续表 6-2

年份	累计淤积量			年淤积量			库区年淤积分组沙统计		
	库区	干流	支流	库区	干流	支流	细沙	中沙	粗沙
12	52.65	39.98	12.68	-0.71	-0.86	0.15	-0.50	-0.13	-0.08
13	52.40	39.42	12.98	-0.26	-0.56	0.30	-0.39	0.02	0.11
14	56.54	42.80	13.74	4.14	3.38	0.76	1.81	1.32	1.01
15	58.48	44.28	14.20	1.94	1.48	0.46	1.11	0.50	0.33
16	61.84	46.59	15.24	3.36	2.32	1.04	1.94	0.90	0.52
17	61.38	45.75	15.63	-0.46	-0.85	0.39	-0.07	-0.21	-0.18
18	65.40	48.96	16.43	4.02	3.22	0.80	2.23	1.07	0.71
19	65.83	48.09	17.73	0.43	-0.87	1.30	-0.46	0.42	0.47
20	66.86	48.95	17.91	1.03	0.85	0.18	0.48	0.32	0.23

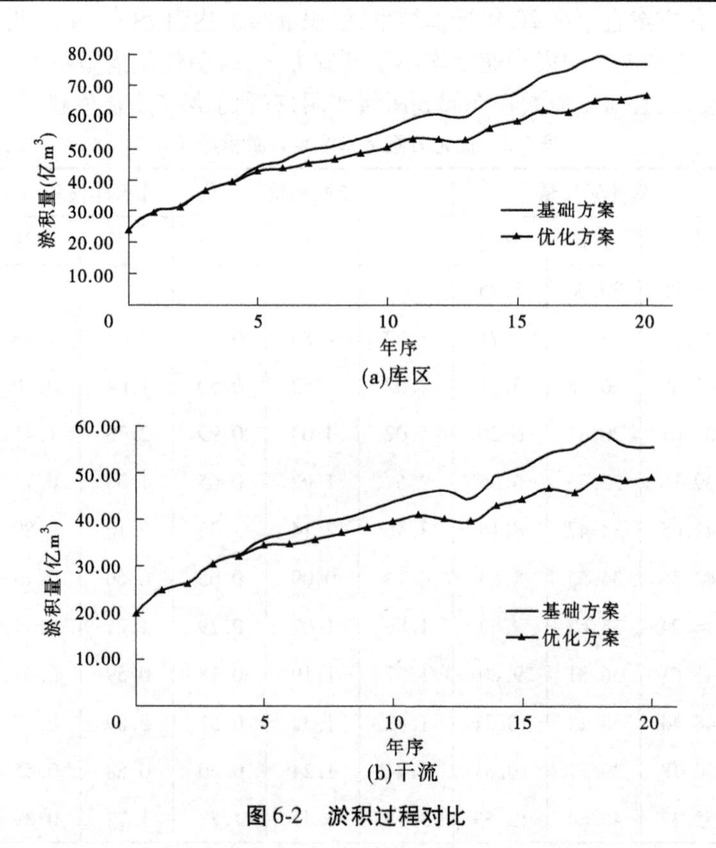

图 6-2　淤积过程对比

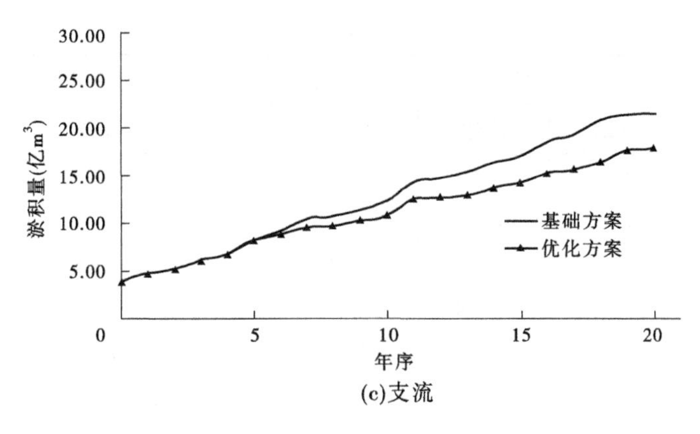

(c)支流

续图6-2

2. 近坝段库容分析

随着淤积的进行及三角洲顶点向坝前推进，水库整体库容和近坝段库容均有所减小，为便于分析干流淤积特性及优化措施效果，本书对水库整体库容变化及近坝段(八里胡同以下，距坝约26 km)库容变化进行分析，结果见表6-3和图6-3。

表6-3　干流库容特征统计　(单位：亿 m^3)

年序	干流总库容		干流近坝段库容		调沙库容(254 m)	
	基础	优化	基础	优化	基础	优化
0	58.60	58.60	31.29	31.29	55.48	55.48
1	53.74	53.74	27.75	27.75	50.01	50.01
2	52.20	52.20	27.88	27.88	48.02	48.02
3	48.23	48.23	23.53	23.53	42.27	42.27
4	46.41	46.41	20.81	20.81	39.15	39.15
5	43.16	44.27	21.95	22.80	34.25	35.28
6	41.85	44.18	21.49	23.31	32.66	34.85
7	39.66	43.10	21.29	22.62	28.60	33.94
8	38.87	41.91	20.14	21.64	28.06	32.59
9	36.91	40.59	16.18	20.40	25.92	29.89
10	35.14	39.38	19.36	21.98	22.63	28.99

续表 6-3

年序	干流总库容		干流近坝段库容		调沙库容(254 m)	
	基础	优化	基础	优化	基础	优化
11	33.42	37.84	15.35	20.22	20.64	24.90
12	32.72	38.72	17.45	21.15	18.39	25.76
13	34.04	39.21	19.96	21.35	19.41	26.13
14	29.55	35.78	15.24	18.24	15.32	23.19
15	27.74	34.42	15.45	17.24	14.04	22.26
16	24.73	32.03	12.71	16.48	9.32	17.25
17	23.36	32.95	12.79	19.33	9.24	17.97
18	20.39	29.82	11.51	16.81	6.21	15.65
19	23.06	30.46	14.20	18.93	9.35	14.90
20	23.13	29.66	14.01	16.58	9.30	14.25

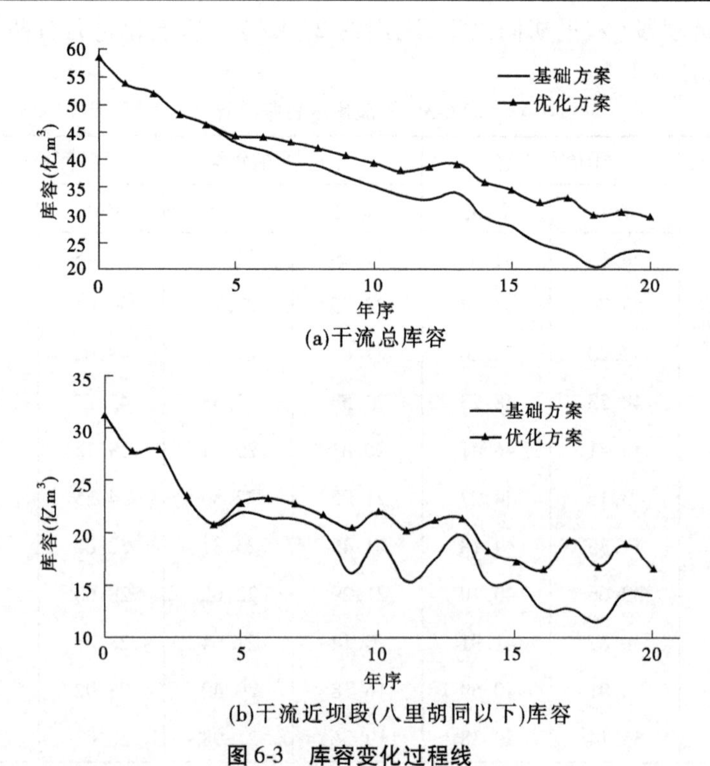

(a)干流总库容

(b)干流近坝段(八里胡同以下)库容

图 6-3 库容变化过程线

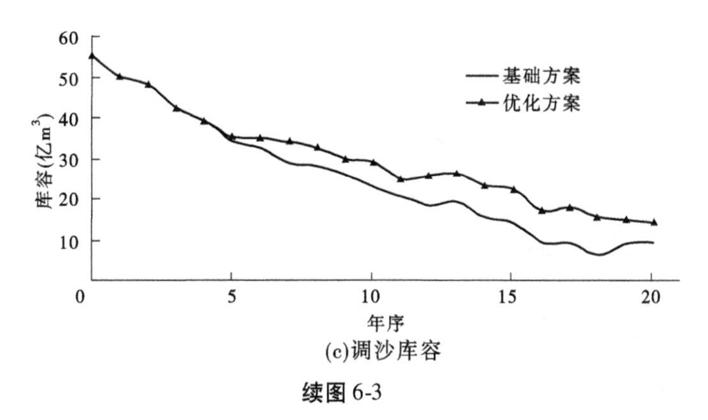

(c)调沙库容

续图6-3

由表6-3和图6-3可以看出,优化措施对延缓小浪底水库淤积、保持干流较大库容,尤其是干流近坝段库容起到一定的积极作用。至第18年末,优化方案下干流总库容较基础方案大10亿m^3左右,其中干流近坝段库容大8亿m^3左右。由此可见,优化方案对保持八里胡同以上干流库容(减缓该河段淤积)亦有一定作用。比较调沙库容可以发现,基础方案在15年之后调沙库容小于10亿m^3,直至强迫排沙后调沙库容才有所恢复;优化方案下至第20年末254 m高程下仍剩余14亿m^3左右,库容近坝段仍然保留16.58亿m^3库容,占整个干流库容的一半以上。

3. 干流淤积形态

图6-4为小浪底水库干流形态淤积过程图,从图中可以看出,两方案下干流淤积形态整体特性基本相同,整体表现为沿程整体淤积,近坝前存在排沙漏斗,但优化方案呈现出更为明显的三角洲淤积趋势。

结合两方案干流淤积形态过程对比(见图6-5),可以看出,自第5年末至拦沙期结束,优化方案始终保持较为有利的排沙形态。

4. 支流淤积形态

为分析优化方案对支流淤积形态的影响,本书分析研究了两方案下支流的淤积过程,这里仅以库容较大的大峪河和畛水为例,见图6-6。

整体来看,优化方案对支流淤积减缓起到一定作用,前10年差别不大,后10年区别相对较为明显,两方案下大峪河和畛水淤积厚度最大差别为3~5 m。结合表6-1可以看出,至拦沙期结束(第18年),优化方案可有效减缓淤积2.3亿m^3。

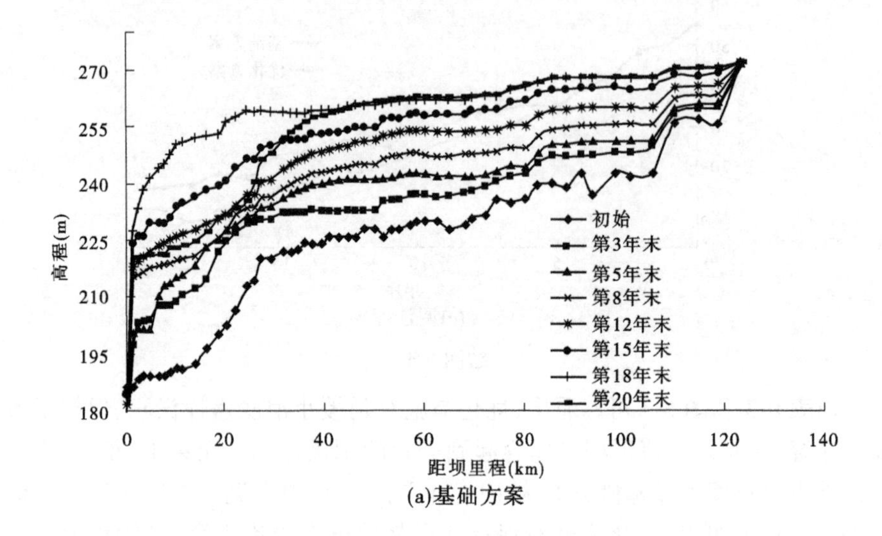

(a)基础方案

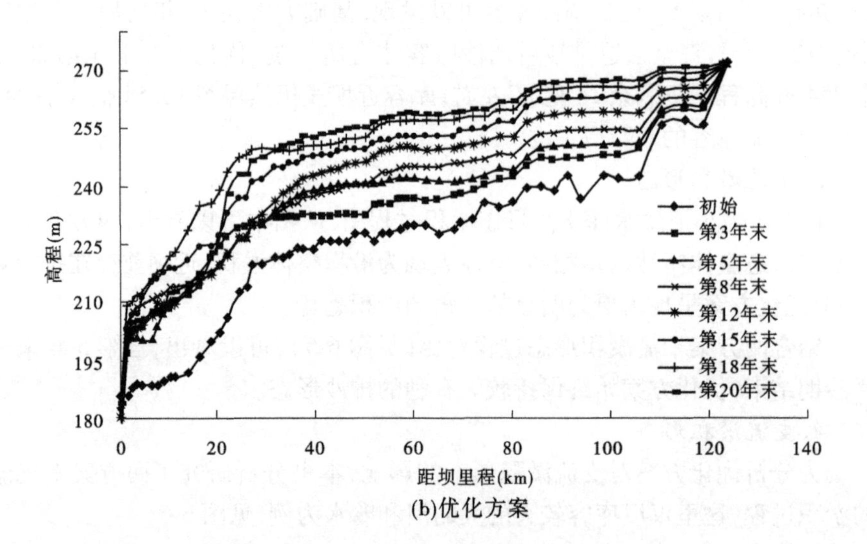

(b)优化方案

图 6-4 库区干流形态淤积过程

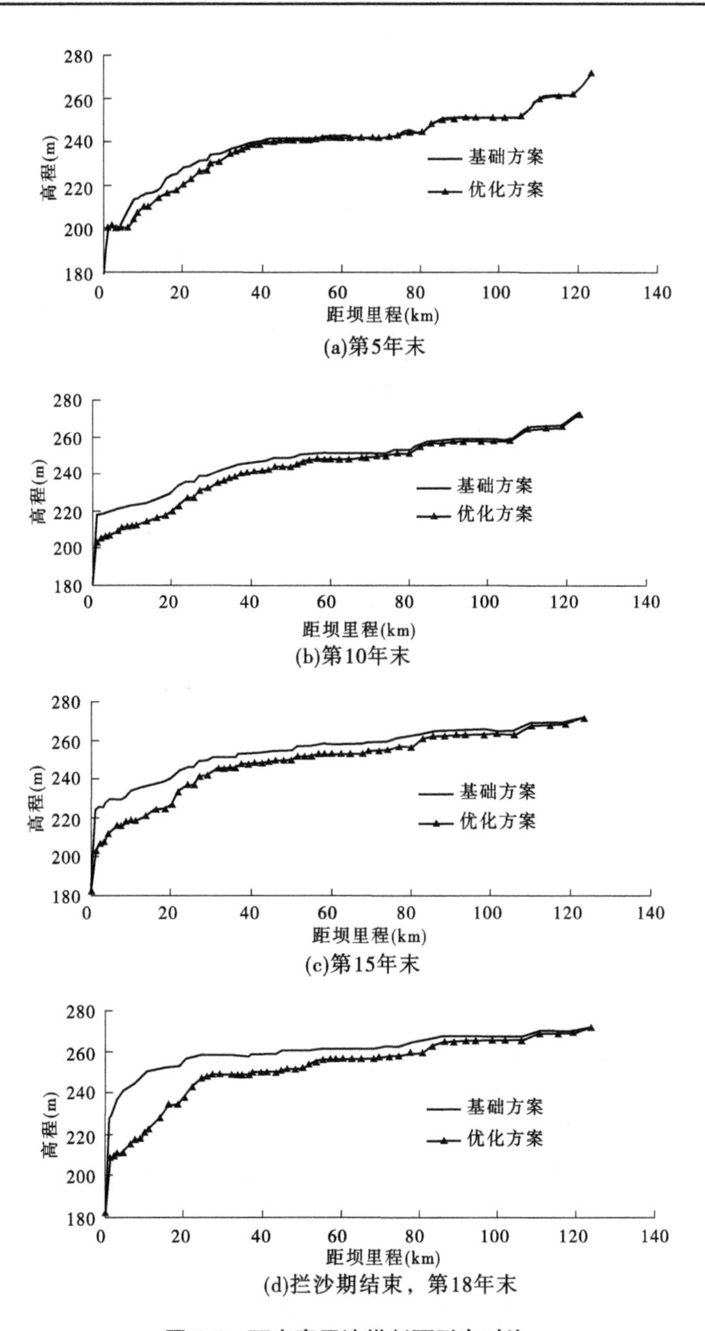

(a)第5年末

(b)第10年末

(c)第15年末

(d)拦沙期结束，第18年末

图 6-5　两方案干流纵剖面形态对比

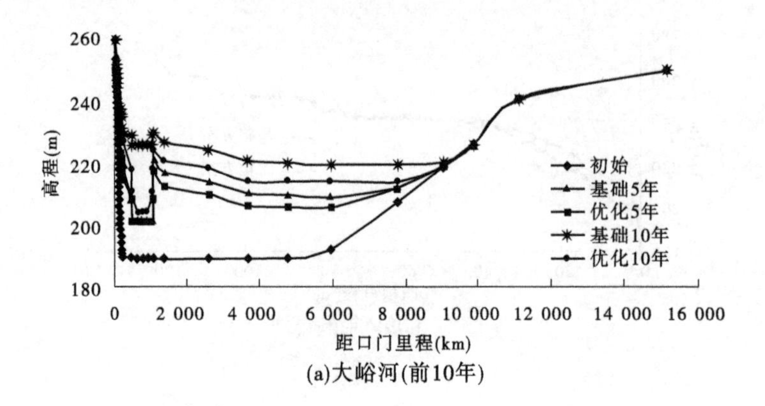

(a)大峪河(前10年)

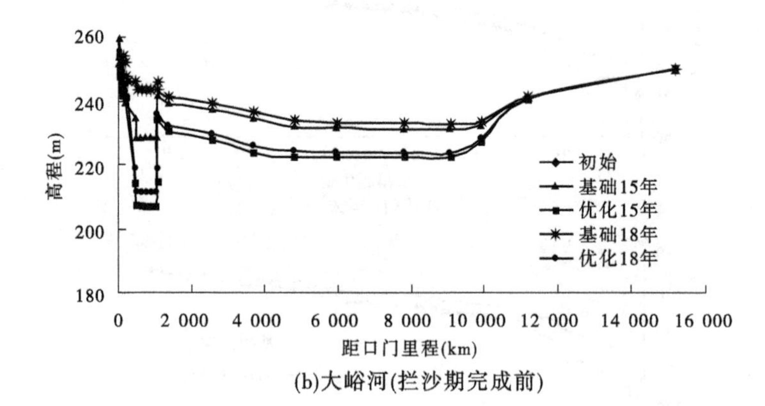

(b)大峪河(拦沙期完成前)

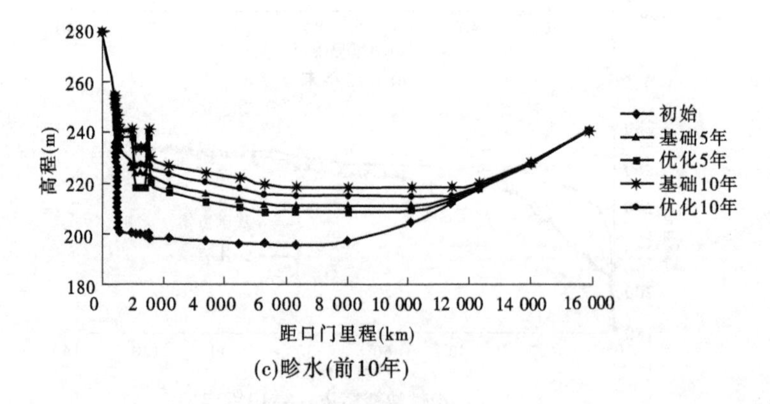

(c)畛水(前10年)

图 6-6　大峪河和畛水纵剖面形态对比

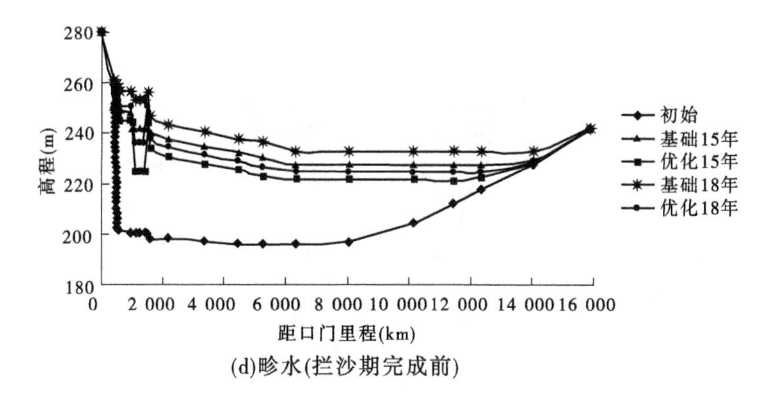

(d)畛水(拦沙期完成前)

续图 6-6

5. 干流横断面形态

为进一步分析优化措施对库区形态和断面特征的影响,考虑到优化措施主要针对近坝段,分别选取桐树岭(HH1)断面和八里胡同(HH16)断面进行断面形态变化分析,见图6-7。由图6-7可见,桐树岭断面整体表现为淤积趋势,受排沙洞排沙影响易形成明显主槽(由于断面较宽,排沙洞形成排沙主槽未能影响整个断面,形成明显高滩深槽),优化方案下,自始至终主槽明显低于基础方案(约低10 m),而滩地则不如主槽明显,至拦沙期结束后,优化方案约低5 m;八里胡同断面由于断面较窄,在拦沙后期断面整体冲淤升降,无明显主槽,尽管如此,优化方案下断面整体较基础方案约低5 m。

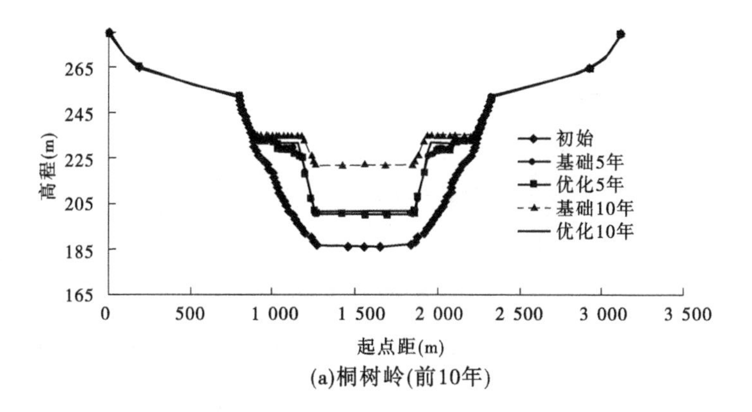

(a)桐树岭(前10年)

图 6-7　干流横断面形态变化

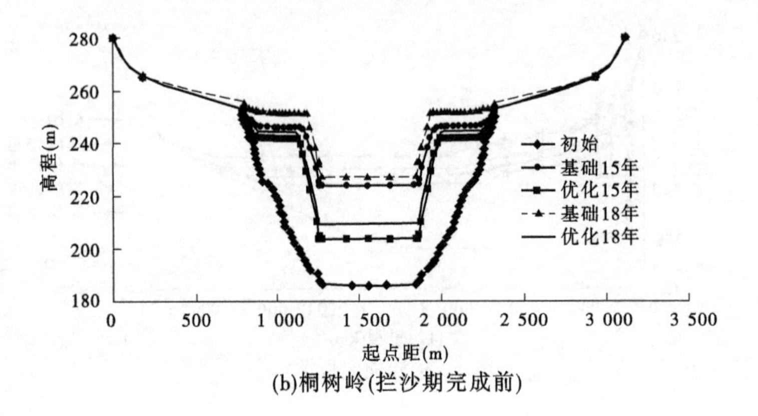

(b)桐树岭(拦沙期完成前)

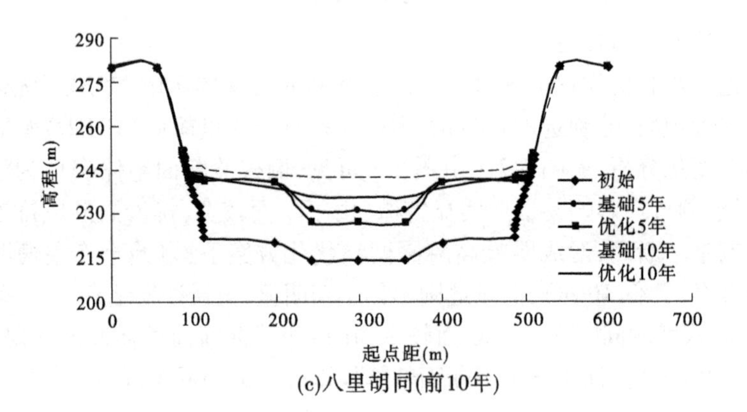

(c)八里胡同(前10年)

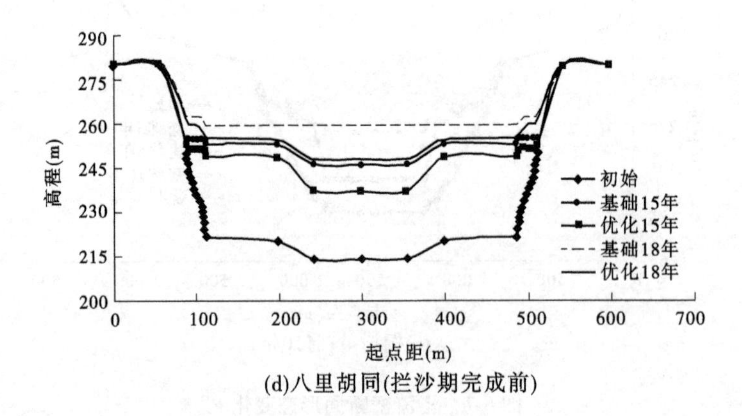

(d)八里胡同(拦沙期完成前)

续图 6-7

由此也可看出,优化措施若要在近坝段取得较好的减淤效果,保持近坝段较大调节库容,则不仅使得主槽相机发生冲刷,进行及时排沙,仍需适当考虑如何使泥沙尽量少淤至边滩,或淤积至边滩亦能通过有效措施进行及时排沙。否则,仅靠主槽内进行调控,其调控能力受到很大限制。

6."1990"系列洪水调控小结

本书结合拦沙后期推荐方式运用和小浪底水库实际情况,对小浪底调控方式及优化途径进行分析,并初步提出优化措施;基于前期计算成果,针对优化措施,进行了小浪底水库形态优化计算,并与基础方案进行分析比较,得出主要认识与结论如下:

(1)通过优化措施实施,不但减缓干流淤积速度,而且对支流淤积亦起到减缓作用,优化方案下库区最大减少淤积量约 10 亿 m^3。

(2)优化措施对保持干流较大库容,尤其是干流近坝段库容起到一定的积极作用,优化方案下至第 18 年干流总库容较基础方案大 10 亿 m^3 左右,其中干流近坝段库容大 6 亿 m^3 左右,第 20 年末,近坝段仍然保留 16.88 亿 m^3 库容,占整个干流库容的一半以上。

(3)优化方案下近坝段形成较大排沙漏斗,呈现出更为明显的三角洲淤积趋势,近坝段主槽明显低于基础方案(约低 10 m),而滩地则不如主槽明显,至拦沙期结束后,优化方案约低 5 m,同时对支流淤积抬升有一定减缓作用,第 18 年末,大峪河和畛水较基础方案淤积厚度减少 3 ~ 5 m。

(4)优化措施若要在近坝段取得较好的减淤效果,保持近坝段较大调节库容,则不仅使得主槽相机发生冲刷,进行及时排沙,仍需适当考虑如何使泥沙尽量少淤至边滩,或淤积至边滩亦能通过有效措施进行及时排沙。否则,仅靠主槽内进行调控,其调控能力受到很大限制。

6.2.1.2　黄河下游河道计算结果分析

1.计算条件

1)计算河段

计算河段为白鹤—利津。

2)初始地形

2011 年汛前实测大断面。

3)水沙条件

小浪底水库出库基础方案与优化方案两个水沙系列。

4)沿程引水

采用黄河下游各河段取水许可月平均过程(见表 6-4)。

表6-4 黄河下游各河段月均引水流量统计(取水许可)(单位:m^3/s)

年序	小—花	花—夹	夹—高	高—孙	孙—艾	艾—泺	泺—利	全下游
1	14.68	19.47	18.37	5.44	0.31	1.20	26.32	85.79
2	35.66	42.15	41.10	43.57	74.93	14.39	77.52	329.32
3	26.19	37.41	57.92	68.88	176.97	75.47	148.61	591.45
4	31.05	51.60	69.20	57.59	170.87	118.32	147.87	646.50
5	38.73	50.15	56.33	72.02	61.27	103.22	107.79	489.51
6	39.42	45.55	54.83	64.36	46.69	34.24	69.38	354.47
7	31.08	54.67	53.04	18.05	0.12	23.18	21.39	201.53
8	27.66	35.95	32.99	16.24	0	7.07	27.38	147.29
9	30.74	36.62	47.46	22.08	15.53	41.38	86.09	279.90
10	27.12	26.92	27.21	31.74	60.69	49.18	83.11	305.97
11	12.56	12.41	12.05	9.23	0	16.02	47.04	109.31
12	12.87	9.75	11.28	9.87	0	16.02	47.04	106.83

5)两方案水沙量比较分析

表6-5为两方案水沙量统计表,图6-8为两方案年内水量比较图。可以看出,基础方案总水量为5 493.077亿m^3,其中小浪底出库4 991.67亿m^3,小花间来水501.40亿m^3,占总水量的9.1%;优化方案总水量为5 492.816亿m^3,来水组成与基础方案基本一致。两方案总水量相当,在年内水量亦相差不大。基础方案总沙量为99.856亿t,优化方案总沙量为115.105亿t,基础方案较优化方案沙量少15.249亿t。

表6-5 两方案水沙量统计

项目	基础方案		优化方案		(基础-优化)	
	小黑武(亿m^3)	沙量(亿t)	小黑武(亿m^3)	沙量(亿t)	水量(亿m^3)	沙量(亿t)
水沙量	5 493.240	99.856	5 492.816	115.105	0.424	-15.249

图6-9为两方案年内沙量比较图,两方案在个别年内沙量差别较大,其中在第6年、7年、12年、14年、17年基础方案较优化方案年沙量分别少2.045亿t、2.234亿t、2.226亿t、2.067亿t、3.47亿t,在第19年基础方案较优化方

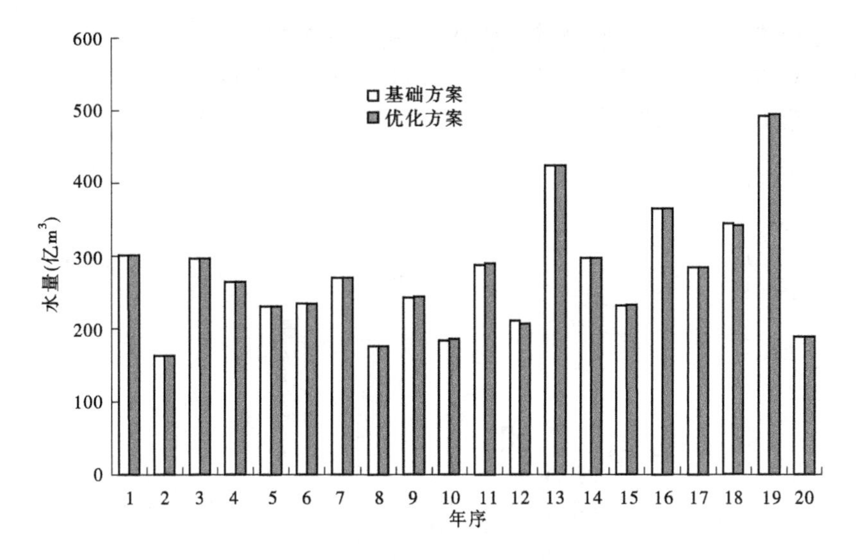

图 6-8　基础方案与优化方案年水量比较

案年沙量多了 2.705 亿 t。

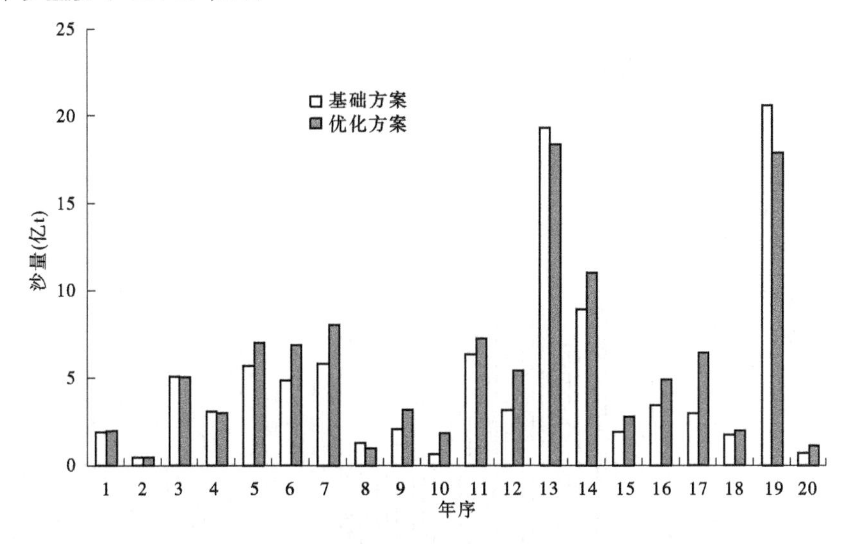

图 6-9　基础方案与优化方案年沙量比较

图 6-10、图 6-11 为两方案汛期、非汛期水量比较图，虽然从总水量和分年水量上看两方案相差不大，但是两方案水量在年内分配是不一致的。汛期，第 5 ~ 7 年、第 9 ~ 11 年、第 15 年、第 17 年基础方案较优化方案水量少，第 12

年、第 14 年、第 16 年、第 18 年、第 19 年基础方案较优化方案水量多。非汛期,第 5 ~7 年、第 9 ~12 年、第 15 年、第 17 年基础方案较优化方案水量多,第 14 年、第 16 年、第 18 年、第 19 年基础方案较优化方案水量少。

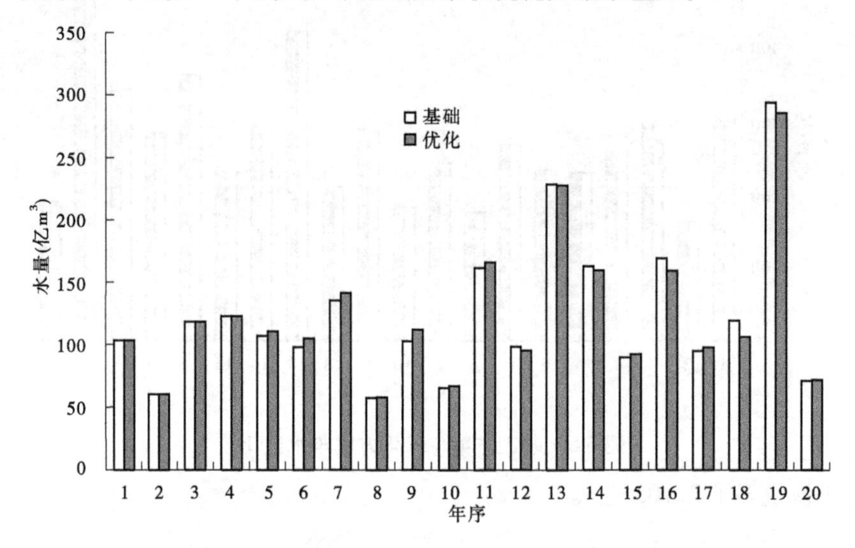

图 6-10　基础方案与优化方案汛期水量比较

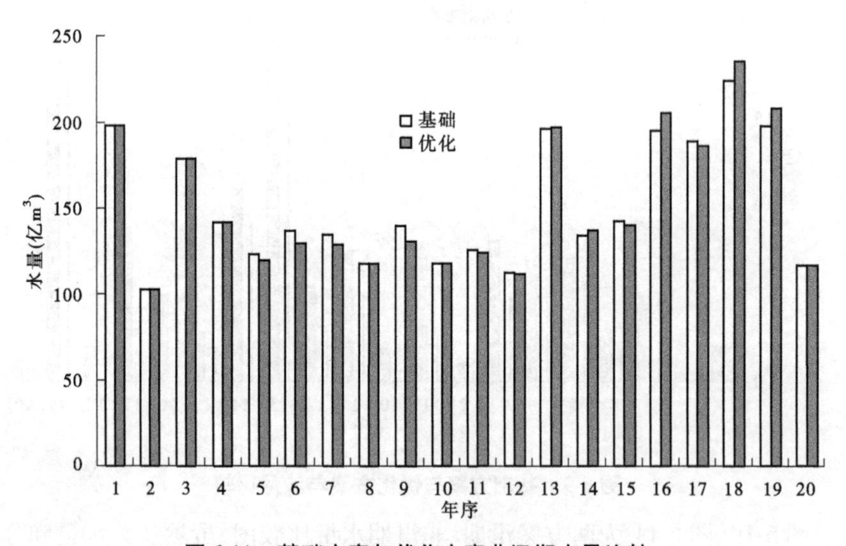

图 6-11　基础方案与优化方案非汛期水量比较

6) 水沙过程分析

两个计算过程均为小水系列,日均流量基本都在 4 000 m^3/s 以下,第 13

年和第19年为大水大沙年。图6-12为第13年汛期日均水沙过程图，该洪水以小花间来水为主，经统计，小花间最大日均流量为6 886 m³/s，小黑武最大日均流量为10 000 m³/s，超过4 000 m³/s的流量过程持续时间为13 d，超过6 000 m³/s的流量过程持续时间为7 d，超过8 000 m³/s的流量过程持续时间为2 d，在小黑武最大日均流量过程期间，小浪底出库流量最大为3 754 m³/s，最高含沙量为336 kg/m³。图6-13为第19年大水期间日均水沙过程图，洪水期间洪峰流量为6 772 m³/s，超过4 000 m³/s的流量过程持续时间为11 d，超过6 000 m³/s的流量过程持续时间为2 d。

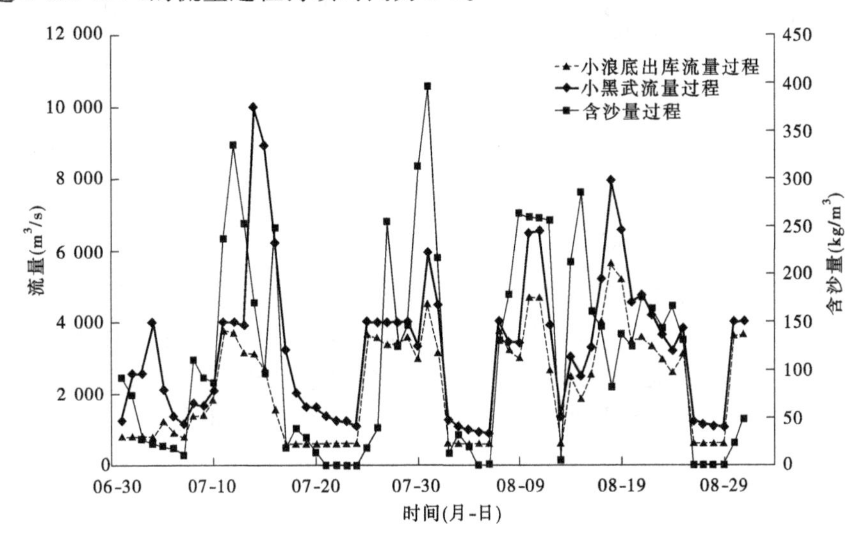

图6-12　第13年汛期日均水沙过程

2. 计算结果比较

中国水利水电科学研究院、黄河勘测规划设计有限公司、武汉大学等单位利用恒定流水沙数学模型对基础方案进行了计算，本书把YRCC1D模型与诸家模型的计算成果进行对比分析。虽然都是针对基础方案进行计算，但是由于进入下游的水沙条件都经过了小浪底水库调节，各家小浪底水库模型计算成果稍微有差别，因此进入下游的水流过程、含沙量及级配过程并不完全一致。

基础方案小浪底水库拦沙期为第1～17年，在小浪底水库拦沙期内把YRCC1D模型计算成果与中国水利水电科学研究院成果进行比较分析。

1）水沙量比较

图6-14为总来水量比较图，YRCC1D模型计算系列总水量为4 466.2亿m³，

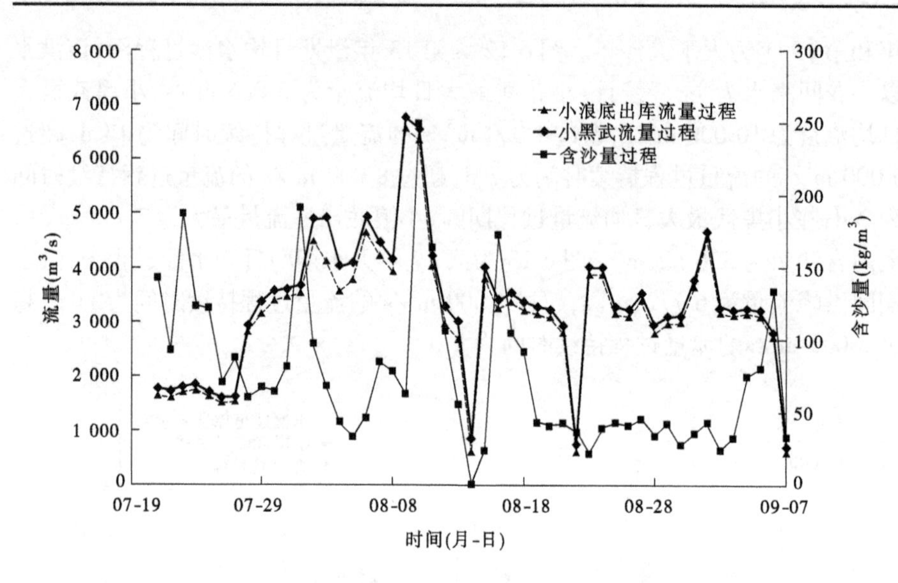

图 6-13　第 19 年汛期日均水沙过程

中国水利水电科学研究院为 4 461.4 亿 m^3，相差 4.8 亿 m^3，除第 12 年、第 13 年、第 16 年和第 17 年 YRCC1D 模型比中国水利水电科学研究院模型水量少（第 17 年少 38.41 亿 m^3）外，其余年份 YRCC1D 模型计算洪水水量都比中国水利水电科学研究院模型水量多，在第 3 年多最多，多 7.40 亿 m^3。

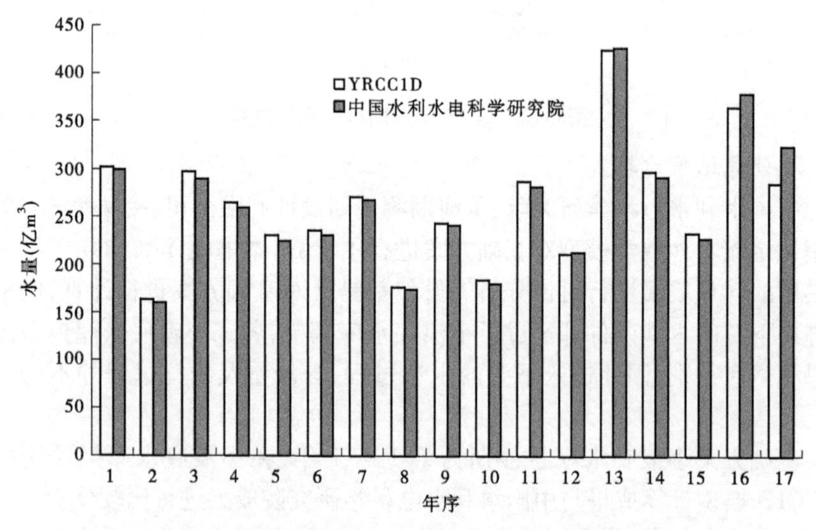

图 6-14　YRCC1D 模型与中国水利水电科学研究院模型来水量统计比较

图6-15为总来沙量比较图,YRCC1D模型计算系列总沙量为76.83亿t,中国水利水电科学研究院为73.14亿t,沙量在个别年份相差较大,第6年YRCC1D模型沙量比中国水利水电科学研究院沙量多2.78亿t,第13年YRCC1D模型沙量比中国水利水电科学研究院模型沙量少5.62亿t。

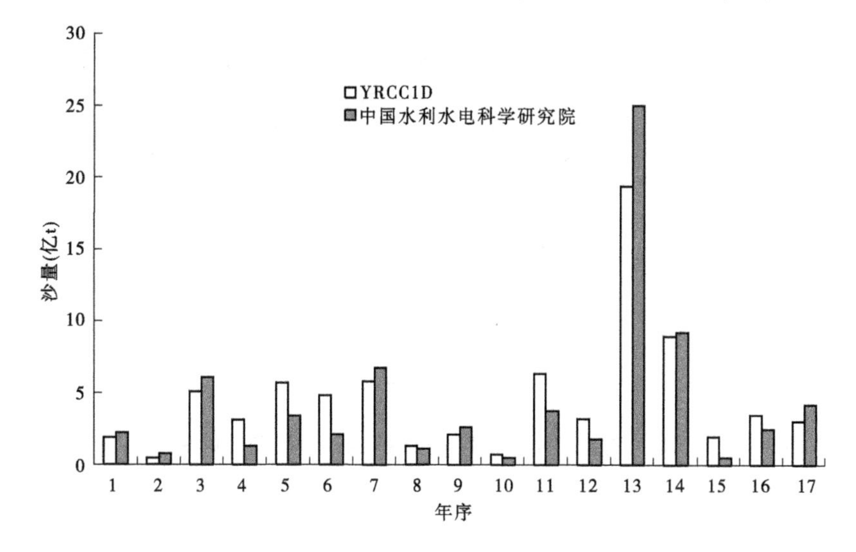

图6-15　YRCC1D模型与中国水利水电科学研究院模型来沙量统计比较

YRCC1D模型计算黄河下游全断面累计冲淤量过程与中国水利水电科学研究院模型计算成果定性一致(见图6-16),在量值上,YRCC1D模型计算总冲刷量较中国水利水电科学研究院模型大,累计至第17年多冲3.29亿t。

2)分年冲淤量比较

从计算分年冲淤量(见图6-17、图6-18)上看,两模型计算成果在定性上基本一致,在定量上稍有差别。第1年YRCC1D模型计算冲刷量较中国水利水电科学研究院模型少2.27亿t。第7年YRCC1D模型计算冲刷量0.22亿t,中国水利水电科学研究院模型计算淤积量2.03亿t,YRCC1D模型计算值小2.25亿t。在第13年是大水大沙年,YRCC1D计算淤积了2.914亿t,其中主槽淤积2.65亿t,滩地淤积0.26亿t;中国水利水电科学研究院模型计算淤积量9.43亿t,其中主槽淤积4.38亿t,滩地淤积5.05亿t,从分滩槽冲淤看,中国水利水电科学研究院模型计算主要淤积在滩地上,滩地淤积量占全年总淤积量的55.6%。

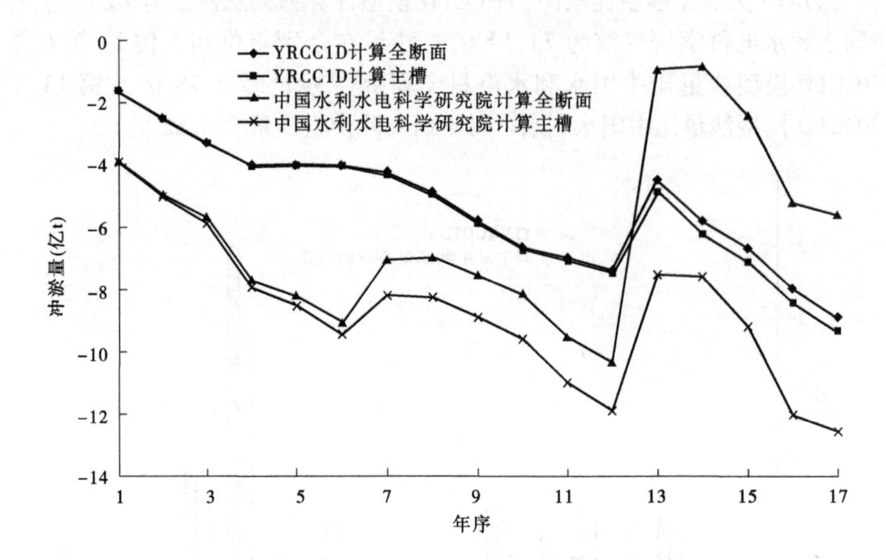

图 6-16　YRCC1D 模型与中国水利水电科学研究院模型计算累计冲淤量比较

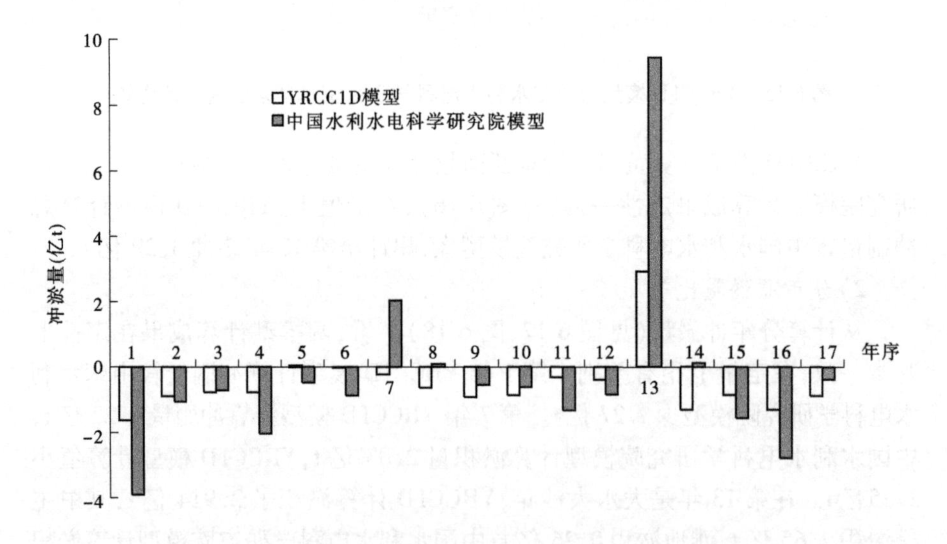

图 6-17　YRCC1D 模型与中国水利水电科学研究院模型计算年冲淤量比较(全断面)

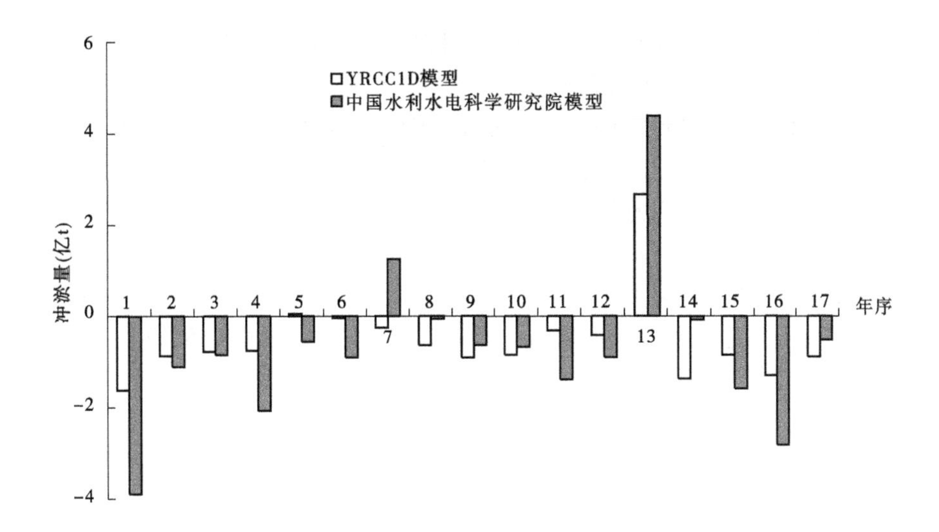

图6-18　YRCC1D模型与中国水利水电科学研究院模型计算年冲淤量比较(主槽)

图6-19为YRCC1D模型与中国水利水电科学研究院、黄河勘测规划设计有限公司、武汉大学等单位模型计算全下游累计冲淤量比较。从累计冲淤量值上看,4个模型定性基本一致。在第1~12年YRCC1D模型与黄河勘测规划设计有限公司模型计算结果定量比较一致,第13年其余3个模型计算累计冲淤量要较YRCC1D模型大。

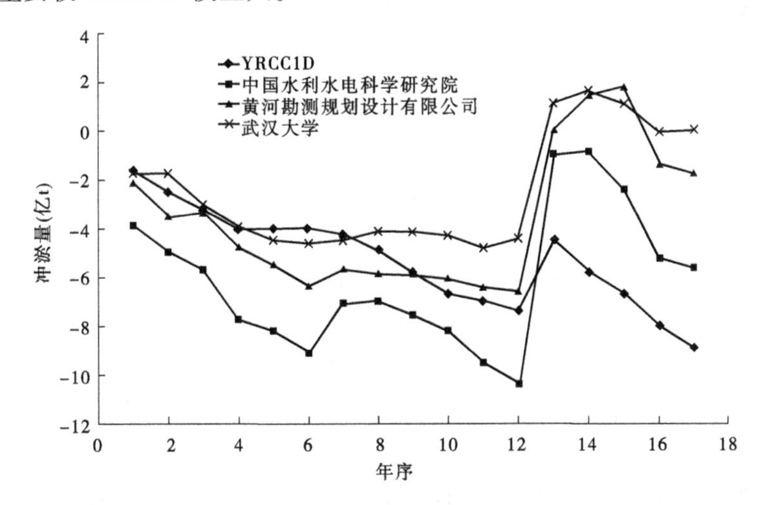

图6-19　YRCC1D模型与其他单位模型计算全断面成果比较

从分年滩槽冲淤量分布看(见图6-20、图6-21),第1年中国水利水电科学研究院模型计算冲刷量要较其他 3 个模型大,YRCC1D 模型与武汉大学模型基本一致;第 7 年中国水利水电科学研究院模型计算淤积量为 2.03 亿 t,其值要较其他 3 个模型计算偏大,YRCC1D 模型计算冲刷量 0.22 亿 t,与武汉大学计算淤积量 0.12 亿 t 比较接近。在大水大沙的第 13 年,YRCC1D 模型计算淤积量 2.914 亿 t,滩地淤积量 0.264 亿 t,占总淤积量的 9.07%;中国水利水电科学研究院模型计算淤积量 9.43 亿 t,滩地淤积量 5.05 亿 t,占总淤积量的 53.6%;黄河勘测规划设计有限公司模型计算淤积量 6.66 亿 t,滩地淤积量 2.59 亿 t,占总淤积量的 38.9%;武汉大学模型计算淤积量 5.57 亿 t,滩地淤积量 3.72 亿 t,占总淤积量的 66.9%。4 个模型在第 13 年计算都为淤积,定性一致,但在定量上差别较大。

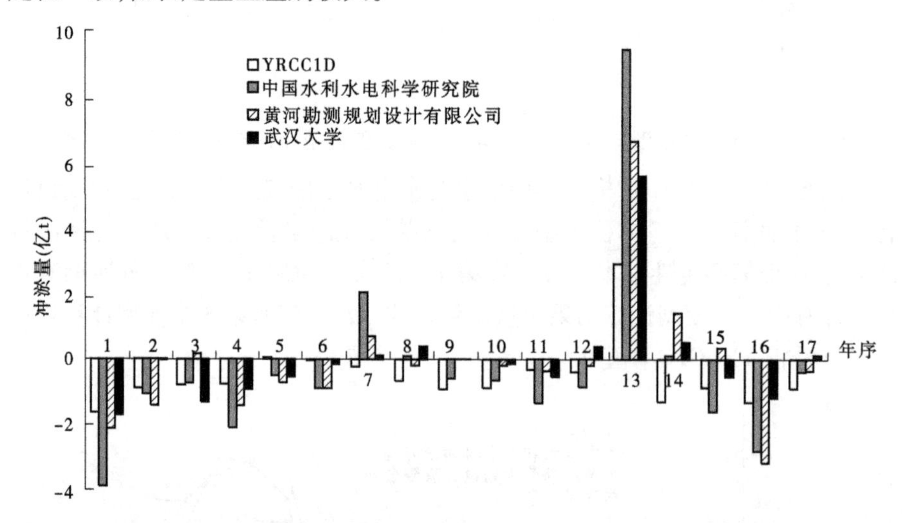

图 6-20　YRCC1D 模型与其他单位模型计算全断面分年冲淤量成果

通过对 YRCC1D 模型计算成果与其余 3 家模型计算成果对比分析,总结各模型在计算结果上存在差异的原因,并进行合理性分析。纵观各家计算成果,尽管在定性上比较一致,但在定量上还存在差别,特别是在大水大沙的第 13 年,计算成果的差异更加明显,分析原因主要有如下几点:

(1)进口水沙条件有差别。虽然各模型都是针对 1990 水沙系列进行计算,但各模型采用的水沙过程稍有差别,特别在第 13 年 YRCC1D 模型计算系列沙量较其他模型少,较中国水利水电科学研究院系列少了 5.62 亿 t。

(2)初始地形不同。YRCC1D 模型计算采用 2011 年汛前地形,其他模型采用 2007 年地形。从第 13 年流量过程看,大于 6 000 m^3/s 洪水过程共持续

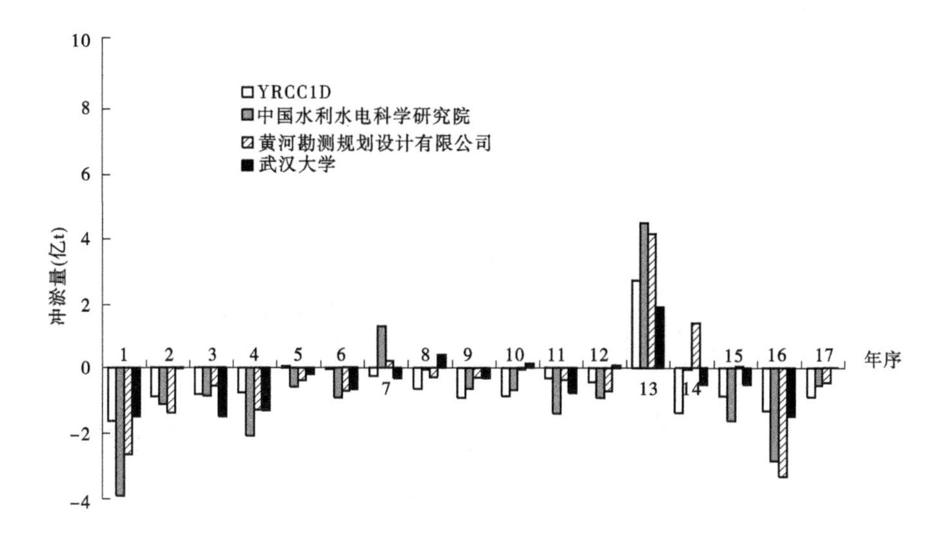

图6-21 YRCC1D模型与其他单位模型计算主槽分年冲淤量成果

了7 d,超过8 000 m^3/s 的流量过程持续时间为2 d。考虑沿程引水引沙,该洪峰在黄河下游上滩时段较短,且YRCC1D模型来沙量少,计算淤积量要较其他模型少。

(3)模型采用的计算模式不同。YRCC1D模型为一维非恒定水沙数学模型,其他模型为恒定流水沙模型。非恒定流模型能够全面反映洪水和泥沙在计算河段的演进、河床冲淤变化、悬沙和床沙级配调整等物理过程。

图6-22为第13年大水大沙期间洪水在黄河下游的演进过程。该洪水以小花间来水为主,小浪底水库泄放洪峰流量为3 113 m^3/s,支流入黄黑武洪峰流量为6 887 m^3/s,考虑沿程引水,洪水演进至花园口为9 740 m^3/s,演进至利津为7 390 m^3/s。图6-23为第13年大水大沙期间含沙量在黄河下游的演进过程。在7月15日大洪水期间,日均含沙量过程为两个沙峰,第一个沙峰含沙量为335.6 kg/m^3,为小浪底出库流量所挟带,演进至利津为197 kg/m^3;第二个沙峰为248.6 kg/m^3,期间小花间来水为清水,降低了含沙量的峰值,演进至花园口计算为64.8 kg/m^3。本模型计算结果较好地表现了洪水、泥沙在黄河下游演进、支流入汇、沿程引水等的物理过程。

3.基础方案与优化方案比较分析

从累计冲淤量上看,基础方案与优化方案在黄河下游全断面累计冲刷量分别为8.51亿t、2.16亿t,在主槽累计冲刷量分别为9.57亿t、3.78亿t,基础方案较优化方案在全下游累计多冲刷了6.35亿t泥沙,其中主槽多冲刷了

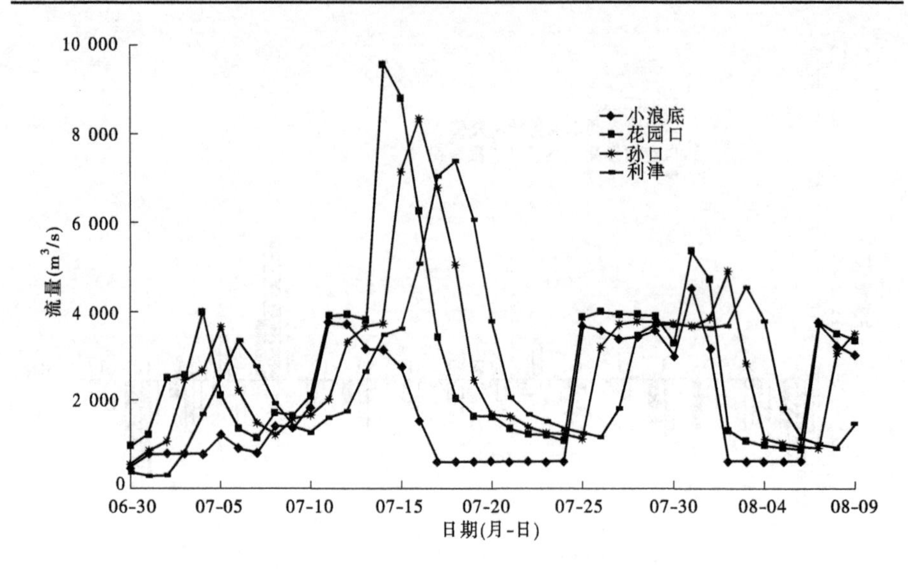

图 6-22　YRCC1D 模型计算洪水在黄河下游传播过程(第 13 年)

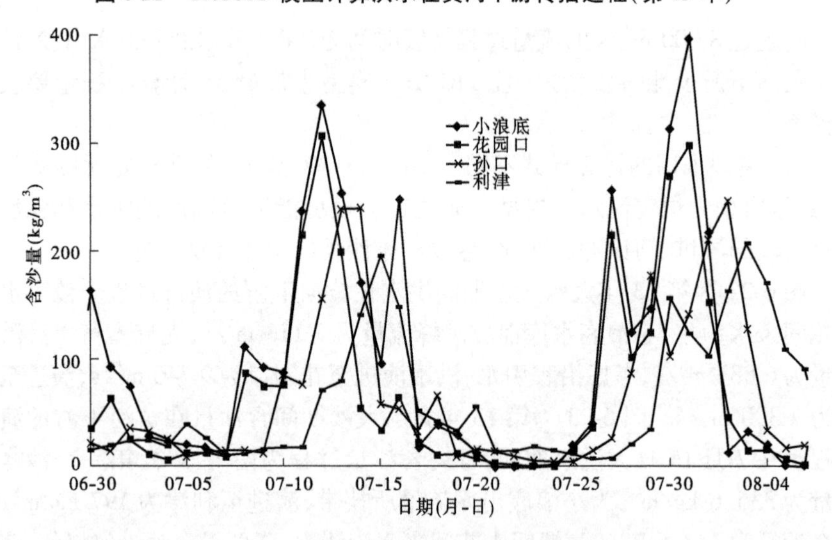

图 6-23　YRCC1D 模型计算含沙量在黄河下游传播过程(第 13 年)

5.80 亿 t。

从年冲淤量比较(见图 6-24、图 6-25)看,两方案计算冲淤量在前 4 年差别不大,在第 5 年、第 6 年、第 7 年、第 11 年、第 12 年、第 13 年、第 19 年差别相对较大,结合来水来沙量的分析,这几年来沙量存在较大差异。

从分河段(见图 6-26、图 6-27)看,两方案计算差别主要在小浪底—孙口

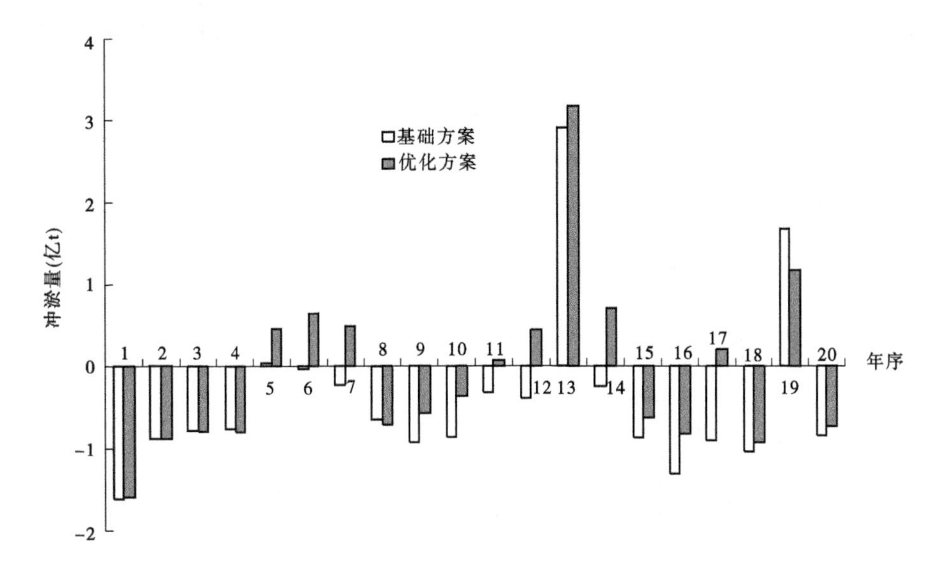

图 6-24　基础方案与优化方案计算年冲淤量比较(全断面)

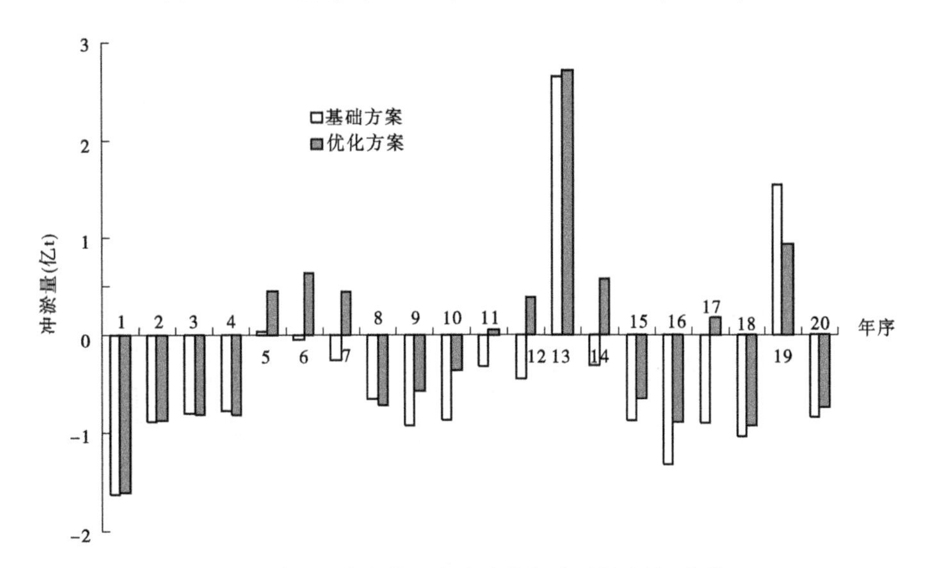

图 6-25　基础方案与优化方案计算年冲淤量比较(主槽)

河段,特别是在小浪底—夹河滩河段。基础方案在小浪底—花园口河段累计冲刷 0.84 亿 t,优化方案在该河段累计淤积 1.97 亿 t,较基础方案多淤积 2.81 亿 t;基础方案在花园口—夹河滩河段累计冲刷 1.49 亿 t,优化方案在该河段累计淤积 0.17 亿 t,较基础方案多淤积 1.66 亿 t;基础方案在夹河滩—高村河段累计冲刷 1.32 亿 t,优化方案在该河段累计冲刷 0.57 亿 t,较基础方案少冲刷 0.75 亿 t;基础方案在高村—孙口河段累计冲刷 2.53 亿 t,优化方案在该河段累计冲刷 1.85 亿 t,较基础方案少冲刷 0.68 亿 t。以下要对小浪底—夹河滩河段进行重点分析。

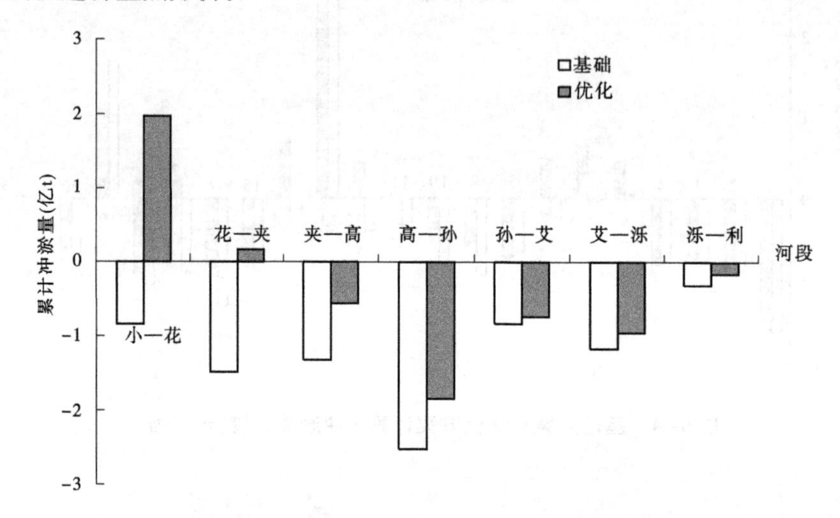

图 6-26　基础方案与优化方案分河段累计冲淤量比较(全断面)

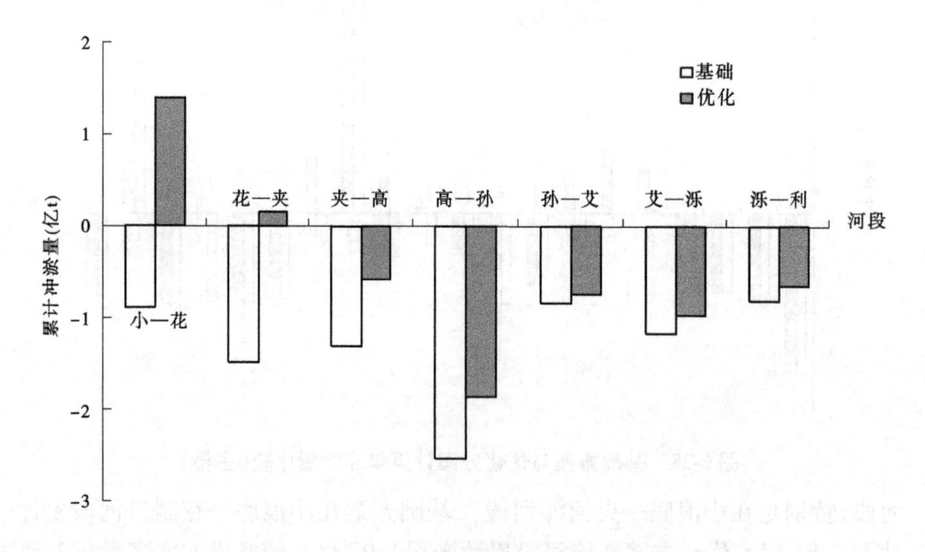

图 6-27　基础方案与优化方案分河段累计冲淤量比较(主槽)

图 6-28、图 6-29 为小—花河段两方案计算分滩槽冲淤量比较图,第 5 ~ 7

年、第11～14年、第19年优化方案较基础方案淤积量要大，其中在第7年、第11年、第12年、第13年分别多淤积0.25亿t、0.24亿t、0.37亿t、0.3亿t。从分滩槽冲淤看，基础方案在小—花间滩地累计淤积0.052亿t，优化方案在滩地累计淤积0.570亿t，基础方案较优化方案多淤积0.518亿t，占总多淤积量2.81亿t泥沙的18.43%。

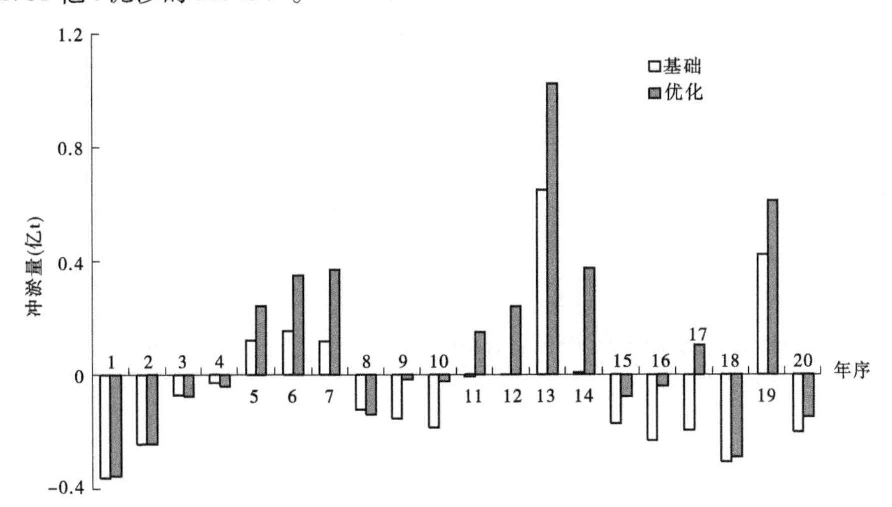

图6-28　小—花河段冲淤量比较(全断面)

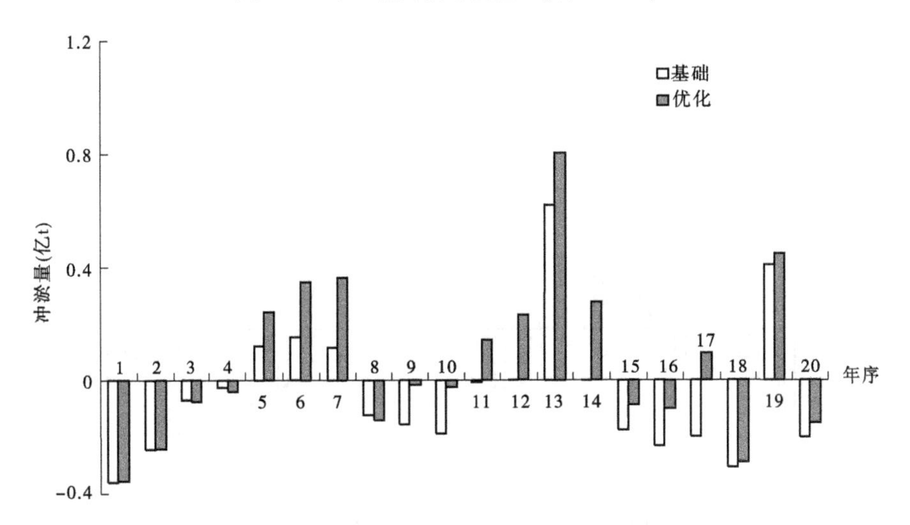

图6-29　小—花河段冲淤量比较(主槽)

图 6-30、图 6-31 为花—夹河段两方案计算分滩槽冲淤量比较图，在第5 ~ 7 年、第 11 ~ 14 年、第 17 年优化方案较基础方案淤积量要大，其中在第 12 年、第 13 年、第 17 年分别多淤积 0.19 亿 t、0.35 亿 t、0.18 亿 t。基础方案在花—夹河段滩地累计淤积 0.013 亿 t，优化方案在滩地累计淤积 0.025 亿 t，基础方案较优化方案多淤积 0.012 亿 t，占总多淤积 1.66 亿 t 泥沙的 0.72%。

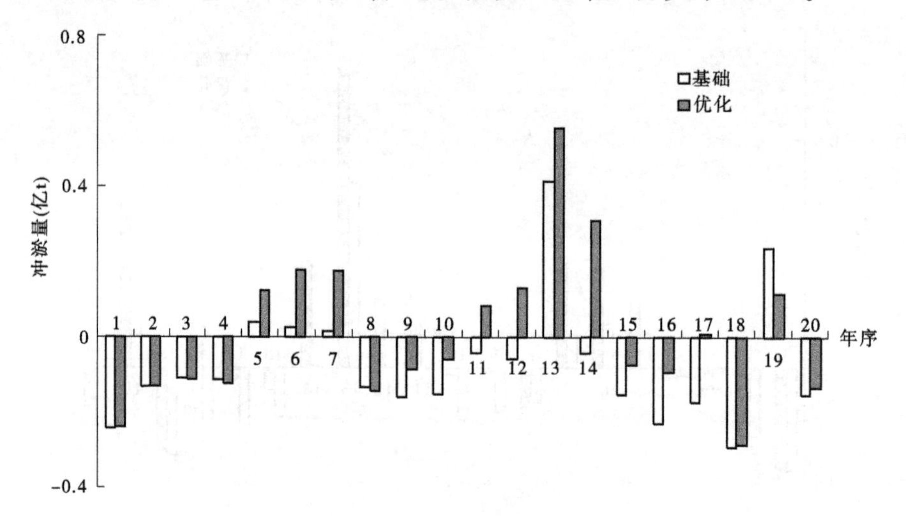

图 6-30　花—夹河段冲淤量比较(全断面)

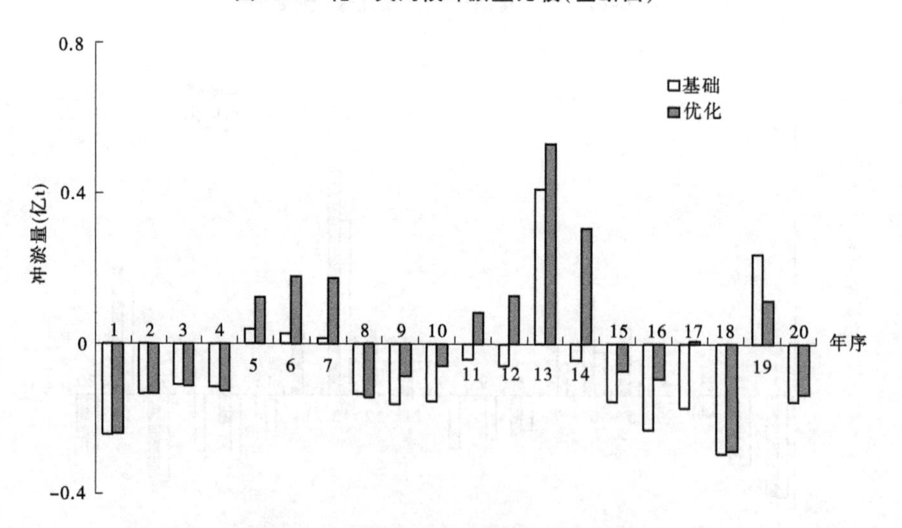

图 6-31　花—夹河段冲淤量比较(主槽)

4.1990 系列下游河道计算小结

通过对比 YRCC1D 模型与中国水利水电科学研究院、黄河勘测规划设计有限公司、武汉大学等单位模型对 1990 水沙系列计算成果，并利用 YRCC1D 模型计算了 1990 系列的基础方案与优化方案，可以看出：

(1)在小浪底水库拦沙期内，YRCC1D 模型计算成果与中国水利水电科学研究院模型计算成果定性一致，定量上第 1 年、第 7 年、第 13 年差别较大，主要是由于模型计算采用的边界条件及水沙条件不同。

(2)通过对比 YRCC1D 模型与其他 3 家模型计算成果，4 家模型计算成果定性一致，定量上各模型在个别年份有差别，在第 1 ~ 12 年 YRCC1D 模型计算与黄河勘测规划设计有限公司模型计算比较一致。

(3)整个计算系列基础方案与优化方案总水量相差不大，年内水量相差也不大，但在年内汛期、非汛期水量分配存在差异。

(4)基础方案较优化方案沙量少 15.249 亿 t，沙量差别主要集中在第 6 年、第 7 年、第 12 年、第 14 年、第 17 年、第 19 年。

(5)优化方案较基础方案在全下游累计多淤积了 6.35 亿 t 泥沙，其中主槽多淤积了 5.8 亿 t，多淤积量主要集中在主槽内。小浪底—夹河滩河段多淤积了 4.47 亿 t，占总多淤积量的 77%。

(6)在小浪底—花园口河段优化方案较基础方案多淤积 2.81 亿 t，主槽多淤积 2.292 亿 t，多淤积的沙量主要集中在第 5 ~ 7 年、第 11 ~ 14 年、第 19 年；在花园口—夹河滩河段优化方案较基础方案多淤积 1.66 亿 t，多淤积的沙量主要集中在第 5 ~ 7 年、第 11 ~ 14 年、第 17 年。分析原因这主要是由这几年的水沙量不一致造成的。

6.2.2 “1960”系列计算分析

6.2.2.1 水库计算结果分析

1. 冲淤过程

表 6-6 和图 6-32 为“推荐方式”运用下基础方案和优化方案计算 19 年水库累计淤积量过程。从图 6-32、表 6-6 可以看出，在第 5 年水库进入拦沙后期第二阶段(淤积量大于 42 亿 m^3，在此之前两者调控指令相同，淤积量毫无差异；此后，优化方案计算淤积量明显小于基础方案，小 5 ~ 10 亿 m^3；至第 14 年基础方案淤积量超过 79 亿 m^3，进入拦沙后期第三阶段进行强迫排沙，而优化方案直至第 19 年末，淤积量亦才达到 79 亿 m^3。此外，优化方案下干流和支流的淤积速度均小于基础方案，表明优化措施不但减缓干流淤积速度，而且对

支流淤积亦起到减缓作用,有利于保持支流库容。

表 6-6　库区累计淤积量成果　(单位:亿 m^3)

年序	总流淤积量		干流淤积量		支流淤积量		库区年淤积量	
	基础	优化	基础	优化	基础	优化	基础	优化
0	23.95	23.95	20.00	20.00	3.95	3.95		
1	27.99	27.99	23.48	23.48	4.51	4.51	4.04	4.04
2	35.51	35.51	29.54	29.54	5.97	5.97	7.51	7.51
3	38.89	38.89	32.12	32.12	6.77	6.77	3.38	3.38
4	44.14	44.14	36.27	36.27	7.87	7.87	5.26	5.26
5	45.44	45.34	35.86	35.90	9.59	9.44	1.30	1.20
6	46.99	46.46	37.16	36.78	9.83	9.68	1.55	1.12
7	54.82	51.81	43.22	40.71	11.59	11.10	7.82	5.35
8	54.01	52.29	40.97	39.92	13.05	12.37	-0.80	0.48
9	59.81	55.31	45.93	42.25	13.88	13.06	5.80	3.02
10	64.39	58.07	49.46	44.41	14.92	13.66	4.58	2.76
11	70.94	64.23	53.36	48.90	17.58	15.32	6.55	6.16
12	72.87	64.62	54.15	48.54	18.72	16.07	1.93	0.39
13	74.05	64.19	54.19	47.44	19.86	16.75	1.18	-0.43
14	78.61	69.02	57.36	51.56	21.25	17.46	4.56	4.83
15	77.56	70.46	55.84	52.46	21.72	18.00	-1.06	1.44
16	77.71	73.24	55.64	53.58	22.07	19.66	0.15	2.78
17	77.92	69.40	55.71	49.33	22.21	20.06	0.21	-3.84
18	78.05	72.40	55.70	51.73	22.35	20.67	0.13	3.01
19	78.10	78.46	55.61	56.66	22.49	21.80	0.06	6.06

2. 近坝段库容

随着淤积的进行及三角洲顶点向坝前推进,水库整体库容和近坝段库容均有所减小,为便于分析干流淤积特性及优化措施效果,对水库整体库容变化及近坝段(八里胡同以下,距坝约 26 km)库容变化进行分析,见表 6-7 和图 6-33。

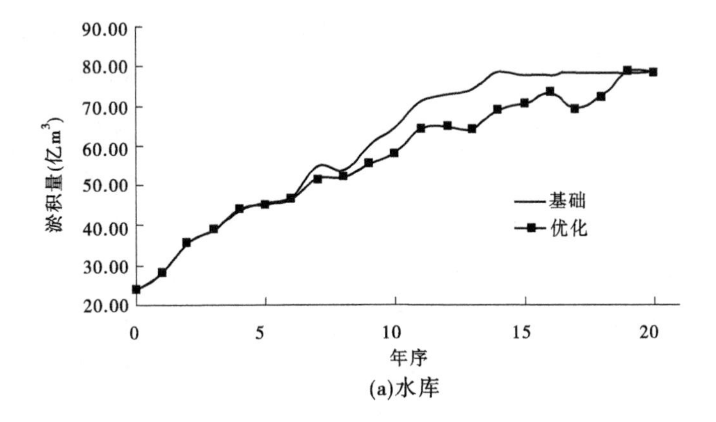

(a)水库

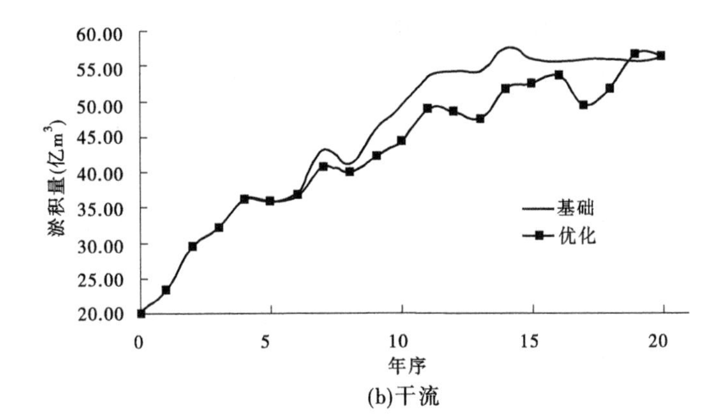

(b)干流

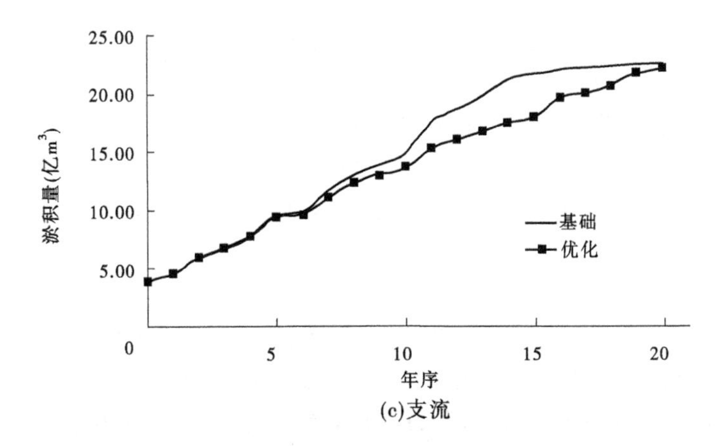

(c)支流

图 6-32　累计淤积过程线

表 6-7 干流库容特征统计 (单位:亿 m^3)

年序	干流总库容		干流近坝段库容		调沙库容(254 m)	
	基础	优化	基础	优化	基础	优化
0	58.60	58.60	31.29	31.29	55.48	55.48
1	55.12	55.12	27.98	27.98	51.56	51.56
2	49.06	49.06	25.18	25.18	44.24	44.24
3	46.50	46.50	23.07	23.07	40.55	40.55
4	42.35	42.35	20.97	20.97	33.68	33.68
5	42.59	42.57	21.90	21.83	31.76	31.95
6	41.28	41.70	20.67	21.01	30.59	31.13
7	35.24	37.76	18.35	20.31	22.97	26.61
8	37.34	38.42	20.65	21.05	24.21	26.08
9	32.37	36.04	17.93	19.87	18.22	23.69
10	28.83	33.88	15.24	18.67	15.10	20.98
11	24.95	29.37	11.52	15.31	9.43	15.47
12	24.16	29.82	12.94	16.93	7.65	14.02
13	24.14	30.96	13.51	17.88	7.97	15.13
14	20.98	26.83	9.94	13.49	5.95	12.14

可以看出,优化措施对延缓小浪底水库淤积、保持干流较大库容,尤其是干流近坝段库容起到一定的积极作用。至第 14 年末,优化方案下干流总库容较基础方案大 6 亿 m^3 左右,其中干流近坝段库容大 3.5 亿 m^3 左右。由此可见,优化方案对保持八里胡同以上干流库容(减缓该河段淤积)亦有一定作用。优化方案下,第 14 年末,近坝段仍然保留 13.49 亿 m^3 库容,占整个干流库容的 50%。

3. 干流淤积形态

图 6-34 为小浪底水库干流形态淤积对比图,从图中可以看出,两种方法干流淤积形态整体特性基本相同,整体表现为沿程淤积,近坝前存在排沙漏斗,在距坝里程 60 km 以外,两种方案计算结果基本无区别;但优化方案下近坝段形成较大排沙漏斗,呈现出更为明显的三角洲淤积趋势。

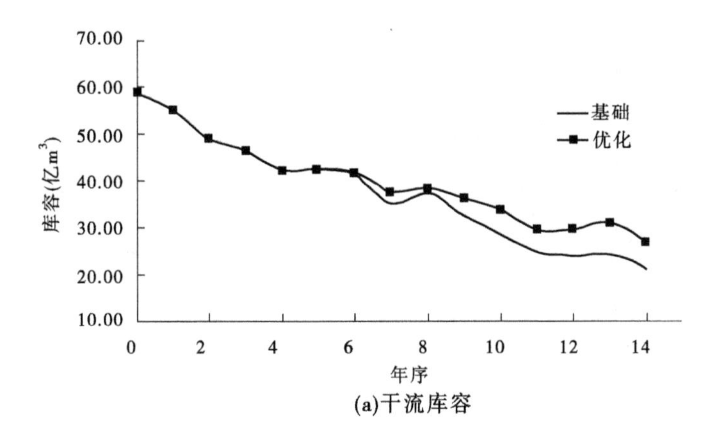

(a)干流库容

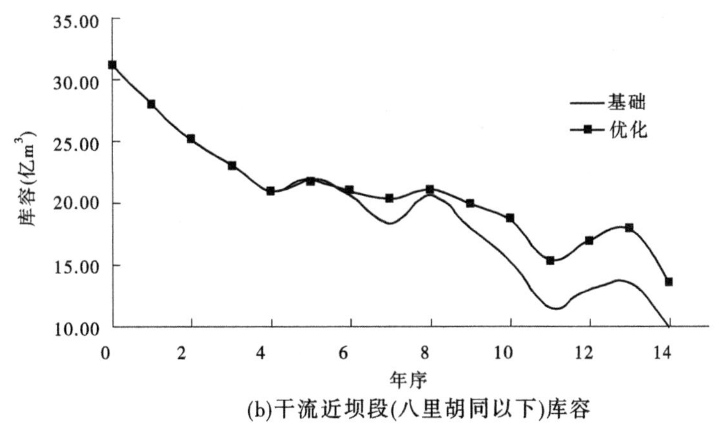

(b)干流近坝段(八里胡同以下)库容

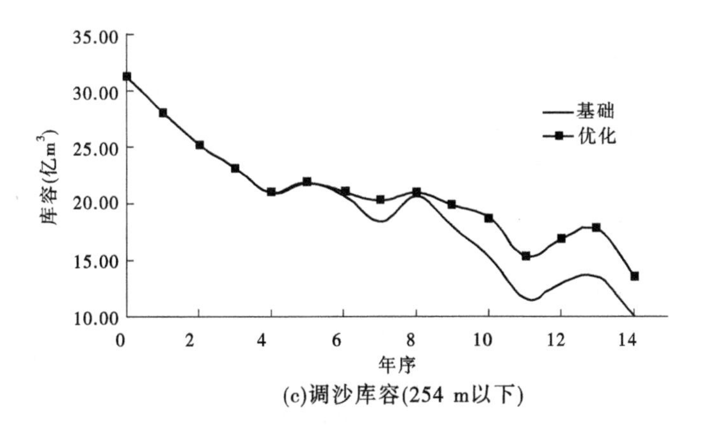

(c)调沙库容(254 m以下)

图 6-33　库容变化过程线

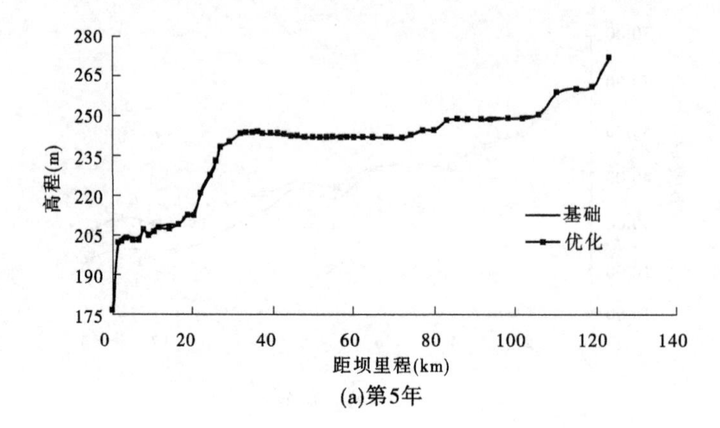

(a)第5年

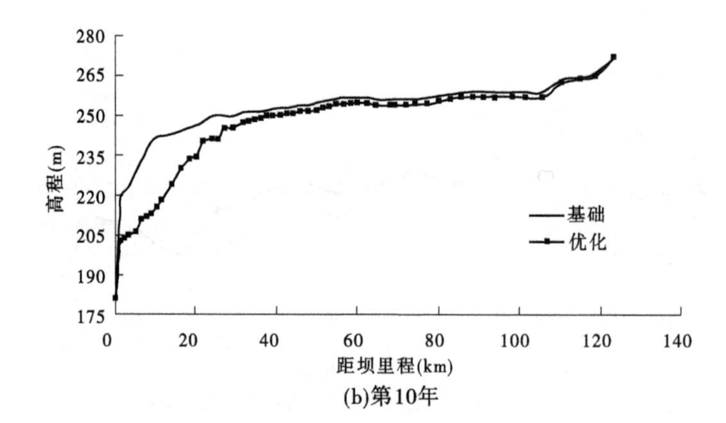

(b)第10年

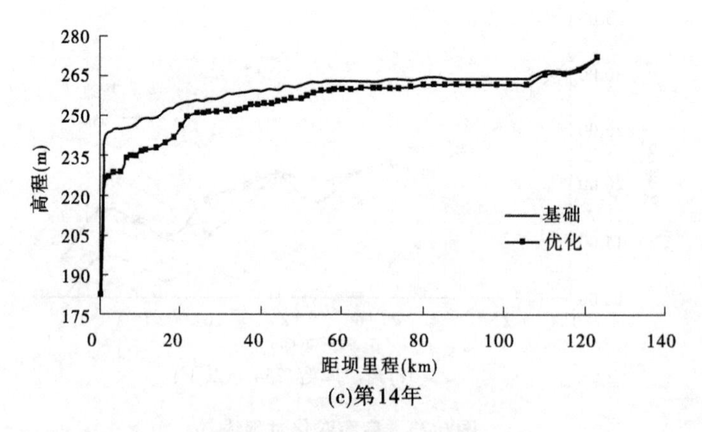

(c)第14年

图 6-34　干流纵剖面形态对比

4. 支流淤积形态

为分析优化方案对支流淤积形态的影响，本书分析研究了两方案下支流的淤积过程，这里仅以库容较大的畛水和大峪河为例，见图6-35。

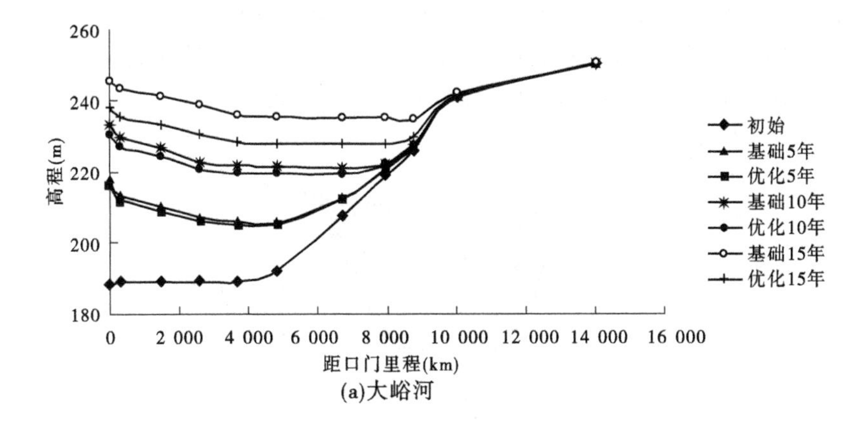

(a)大峪河

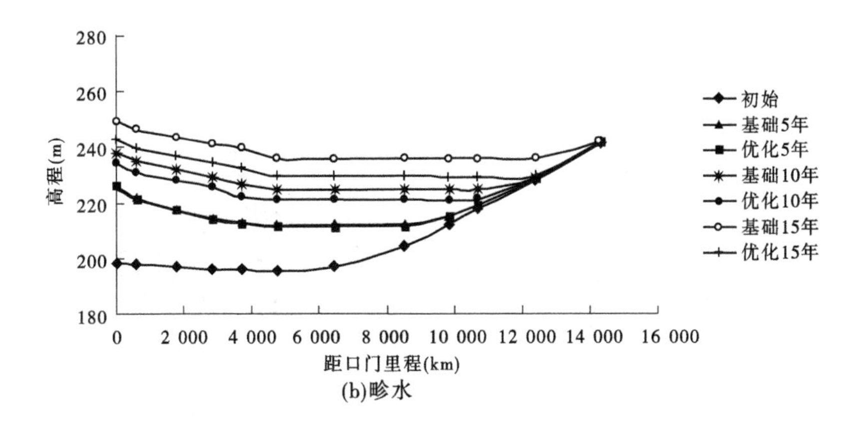

(b)畛水

图6-35　纵剖面形态对比

整体来看，优化方案对支流淤积减缓起到一定作用，前10年差别不大，后来差别相对较为明显，两方案下大峪河和畛水淤积厚度最大差别为5～8 m。结合表6-1可以看出，至拦沙期结束（第14年）优化方案，有效减缓淤积4亿m^3。

5. 干流横断面形态

为进一步分析优化措施对库区形态和断面特征的影响，考虑到优化措施主要针对近坝段，本书分别选取桐树岭（HH1）断面和八里胡同（HH16）断面进行断面形态变化分析,见图6-36。可见,桐树岭断面整体表现为淤积趋势,受排沙洞排沙影响易形成明显主槽(由于断面较宽,排沙洞形成排沙主槽未能影响整个断面,形成明显高滩深槽),优化方案下,自始至终主槽明显低于基础方案(约低20 m),而滩地则不如主槽明显,至拦沙期结束后,优化方案约低5 m;八里胡同断面由于断面较窄,在拦沙后期断面整体冲淤升降,无明显主槽,尽管如此,优化方案下断面整体较基础方案约低5 m。

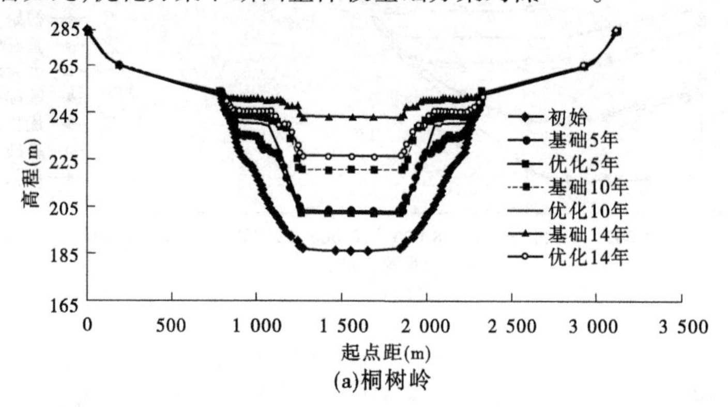

(a)桐树岭

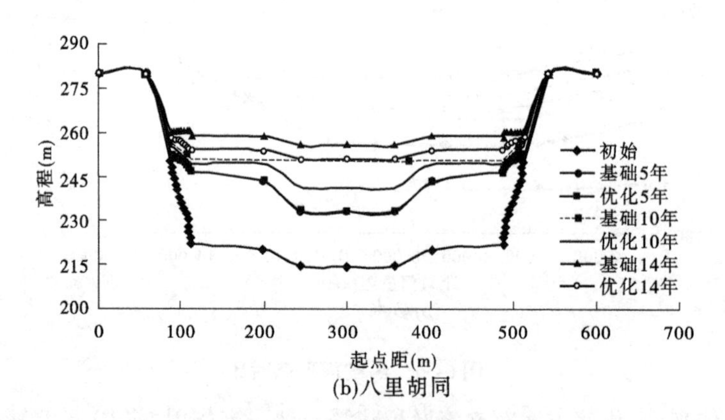

(b)八里胡同

图6-36 横断面形态变化

由此也可看出,优化措施若要在近坝段取得较好的减淤效果,保持近坝段较大调节库容,则不仅使得主槽相机发生冲刷,进行及时排沙,仍需适当考虑如何使泥沙尽量少淤至边滩,或淤积至边滩亦能通过有效措施进行及时排沙。否则,仅靠主槽内进行调控,其调控能力受到很大限制。

6.2.2.2 黄河下游河道计算结果分析

基础方案与优化方案的小浪底水库出库水沙过程均为20年,依据小浪底水库运用情况，小浪底水库基础方案与优化方案水库拦沙年限分别为 14 年和 17 年，水沙量统计见表 6-8。针对两方案进入黄河下游的水沙条件，从拦沙期、最长拦沙期与整个系列为条件计算分析进入黄河下游的水沙在下游河道的冲淤。

表 6-8　两方案水沙量统计

项目	基础方案		优化方案		（基础 - 优化）	
	水量（亿 m^3）	沙量（亿 t）	水量（亿 m^3）	沙量（亿 t）	水量（亿 m^3）	沙量（亿 t）
整个系列	6 460.42	154.713	6 460.42	155.164	0.01	-0.451
拦沙期	4 556	88.66	5 599	126.7	-1 043	-38.04
最长拦沙期	5 602	115.66	5 599	126.7	3	-11.04

1. 基础方案与优化方案水沙量比较

基础方案总水量为 6 460.42 亿 m^3，其中小浪底出库 5 851.16 亿 m^3，小花间来水 609.26 亿 m^3，占总水量的 9.43%；优化方案总水量为 6 460.42 亿 m^3，来水组成与基础方案基本一致。两方案总水量相当，在年内水量亦相差不大（见图 6-37）。但两方案水量在个别年份汛期、非汛期分配上有差别（见图 6-38），如在第 14 年汛期基础方案比优化方案水量多 9.573 亿 m^3，非汛期基础方案又比优化方案水量少 9.147 m^3。

基础方案总沙量为 154.713 亿 t，优化方案总沙量为 155.164 亿 t，两方案总沙量相差不大。但从年沙量来看（见图 6-39），在个别年份沙量相差较大，在第 6 年、第 7 年、第 15 ~ 19 年基础方案与优化方案年沙量差值都在 3 亿 t 以上，其中在第 19 年基础方案较优化方案年沙量多 7.811 亿 t。从沙量在年内分配看（见图 6-40），这些差别都主要集中在汛期。

2. 拦沙期两方案水沙量比较分析

基础方案计算第 1 ~ 14 年，总水量为 4 556 亿 m^3，沙量为 88.66 亿 t；优化方案计算第 1 ~ 17 年总水量为 5 599 亿 m^3，沙量为 126.7 亿 t。

3. 最长拦沙期两方案水沙量比较分析

基础方案拦沙期为 14 年，优化方案拦沙期为 17 年，采用第 1 ~ 17 年水沙过程作为两方案最长拦沙期时段。基础方案总水量均为 5 602 亿 m^3，总沙量均为 115.66 亿 t。

4. 流量过程分析

表 6-9 为基础方案来水条件统计，整个系列日均流量基本都在 4 000 m^3/s

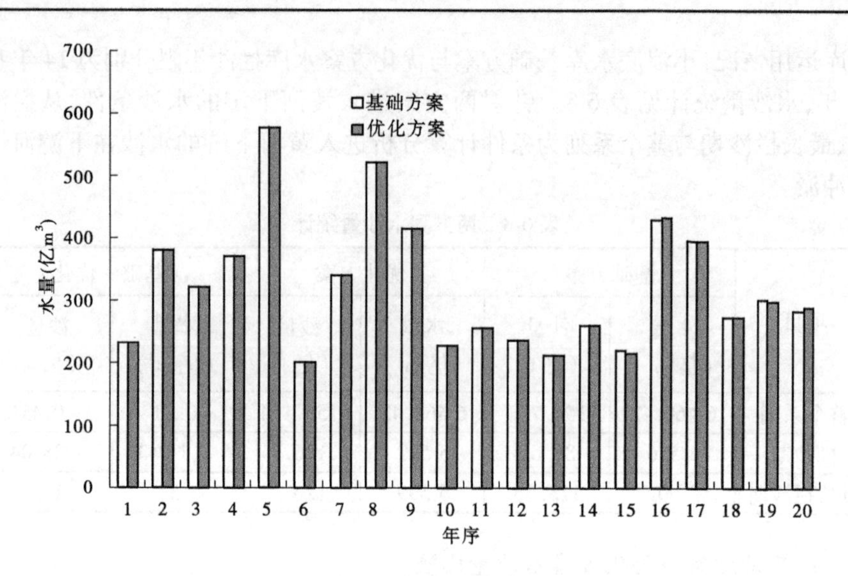

图 6-37 基础方案与优化方案年水量比较

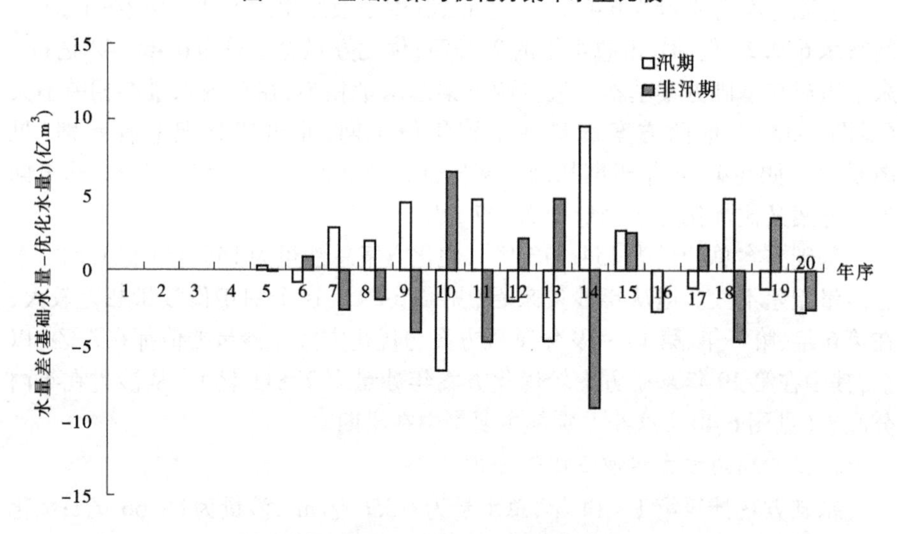

图 6-38 汛期、非汛期两方案年水量差值

以下，日均流量大于 4 000 m^3/s 的年份有 6 年，分别是第 5 年、第 7 年、第 8 年、第 16～18 年，其中第 5 年、第 8 年、第 17 年日均流量大于 4 000 m^3/s 的天数分别为 18 d、22 d、14 d，大于 6 000 m^3/s 的天数分别为 2 d、1 d 和 7 d。

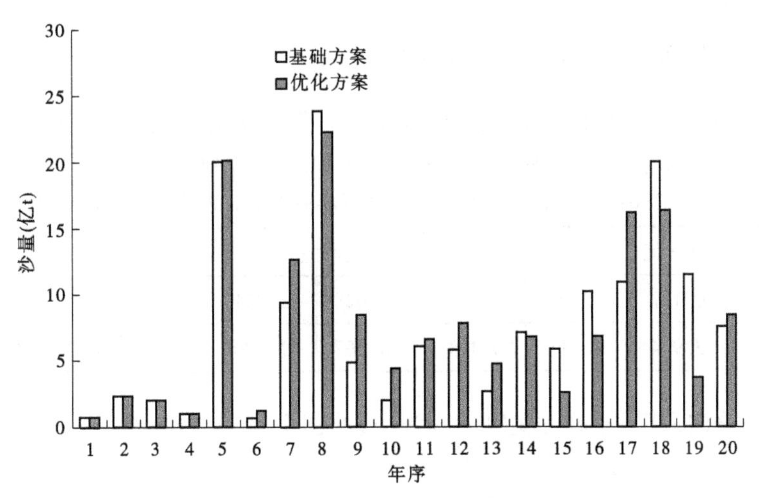

图6-39　基础方案与优化方案年沙量比较

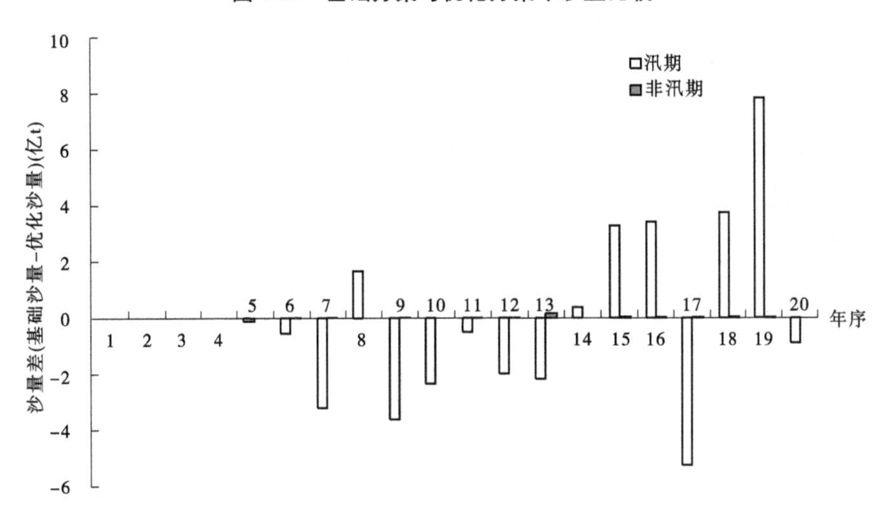

图6-40　汛期、非汛期两方案年沙量差值

表6-9　基础方案来水条件统计　（单位:d）

年序	日均流量 >4 000 m^3/s	日均流量 >5 000 m^3/s	日均流量 >6 000 m^3/s
5	18	3	2
7	3	2	1
8	22	10	1
16	4	1	0
17	14	9	7
18	6	2	3

6.2.3　拦沙期黄河下游计算成果分析

表6-10为小浪底水库拦沙期内计算下游全断面冲淤量。基础方案与优化方案计算冲淤量分别为冲刷4.148亿t和淤积4.473亿t。

表6-10　基础方案与优化方案下游冲淤情况统计(拦沙期)（单位:亿t）

方案	小—花	花—夹	夹—高	高—孙	孙—艾	艾—泺	泺—利	小—利
基础	0.137	-0.070	-0.262	-1.628	-1.311	-1.034	0.020	-4.148
优化	3.994	2.437	0.433	-0.867	-1.126	-0.748	0.351	4.473

从分河段看,基础方案以冲刷为主,冲刷主要集中在高村—泺口河段,占总冲刷量的95.8%;优化方案在小浪底—高村河段发生了淤积,淤积量为6.864亿t,在高村—泺口河段发生了冲刷,冲刷量为2.741亿t。

从分年冲淤情况统计(见图6-41)看,前4年两方案计算冲淤量基本一致,第9年、第10年优化方案计算为微冲,基础方案计算冲刷量分别为1.48亿t、0.83亿t。第12年、第13年优化方案计算淤积量分别为1.02亿t、0.68亿t,基础方案分别为淤积0.28亿t、冲刷0.03亿t。优化方案在第17年淤积了4.34亿t。

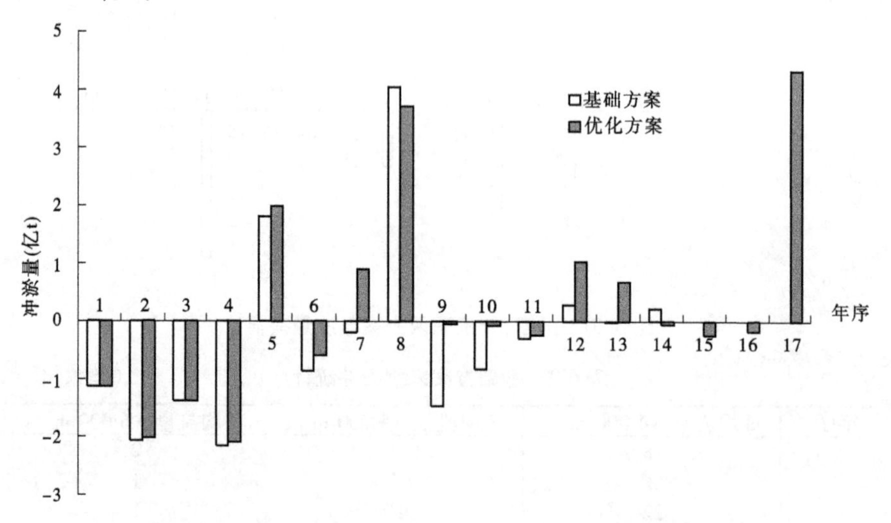

图6-41　基础方案与优化方案下游分年冲淤情况统计(拦沙期)

6.2.3.1　淤积量分析

表6-11为小浪底水库最长拦沙期内计算下游全断面冲淤量。基础方案

与优化方案在全下游计算淤积量分别为0.524亿t、4.473亿t。

表6-11　基础方案与优化方案下游冲淤情况统计(最长拦沙期)

(单位:亿t)

方案	小—花	花—夹	夹—高	高—孙	孙—艾	艾—泺	泺—利	小—利
基础	2.889	0.865	0	-1.237	-1.224	-0.899	0.129	0.524
优化	3.994	2.437	0.433	-0.867	-1.126	-0.748	0.351	4.473

从分河段看,基础方案淤积主要集中在小浪底—夹河滩河段,共淤积3.754亿t,冲刷主要集中在高村—泺口河段,共冲刷3.360亿t;优化方案在小浪底—高村河段发生了淤积,淤积量为6.864亿t,在高村—泺口河段发生了冲刷,冲刷量为2.741亿t。

从分年冲淤并结合来水来沙统计(见图6-42)来看,基础方案小浪底水库在第14年完成拦沙,第15~17年小浪底水库正常运用情况下不对水沙进行调控,特别对于第15年、第16年基础方案进入下游的沙量明显较优化方案大,造成该时段基础方案的大量淤积。第15年、第16年基础方案分别淤积了1.68亿t、1.23亿t,而优化方案分别冲刷了0.25亿t、0.19亿t。

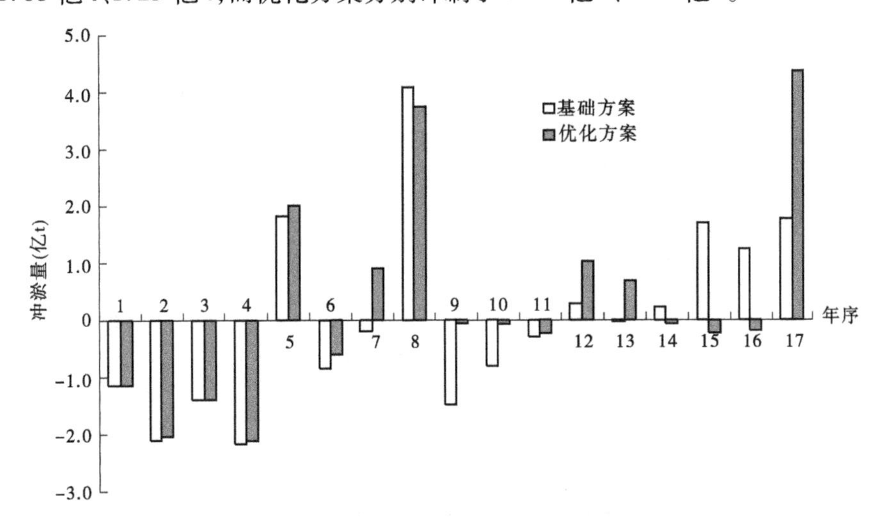

图6-42　基础方案与优化方案下游分年冲淤情况统计(最长拦沙期)

6.2.3.2　基础方案与优化方案对比分析

从累计冲淤量上看,基础方案与优化方案在黄河下游全断面累计淤积量分别为8.63亿t、7.35亿t,在主槽累计淤积量分别为4.38亿t、4.10亿t,基础方案较优化方案在全下游累计多淤积了 1.28 亿 t,其中滩地多淤积了 1.0 亿 t,主槽多淤积了 0.28 亿 t。

从年冲淤量比较(见图 6-43、表 6-12)看,两方案计算冲淤量在前 4 年差别不大,在第 7 年、第 9 年、第 15～19 年差别相对较大,结合来水来沙量的分析,这几年来沙量存在差异。

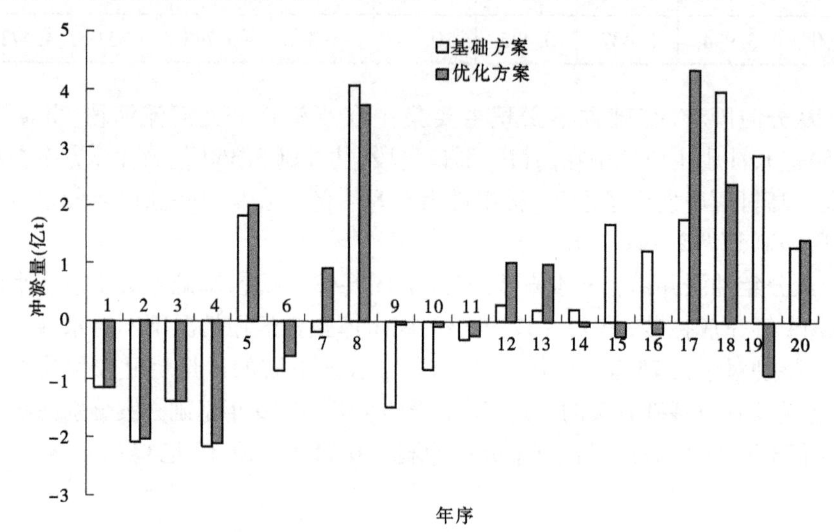

图 6-43　基础方案与优化方案计算年冲淤量比较(全断面)

表 6-12　黄河下游典型年冲淤量统计　　(单位:亿 t)

年序	基础方案	优化方案	基础方案 - 优化方案
7	-0.192	0.903	-1.095
9	-1.479	-0.053	-1.426
15	1.680	-0.247	1.927
16	1.227	-0.195	1.422
17	1.766	4.342	-2.576
18	3.967	2.372	1.595
19	2.858	-0.918	3.776

从分河段(见图 6-44、表 6-13)看,两方案计算差别主要在小浪底—孙口河段,其中,在小浪底—花园口河段基础方案较优化方案多淤积 1.793 亿 t,在花园口—夹河滩河段基础方案较优化方案少淤积 0.808 亿 t,在高村—孙口河段基础方案较优化方案多淤积 0.116 亿 t。

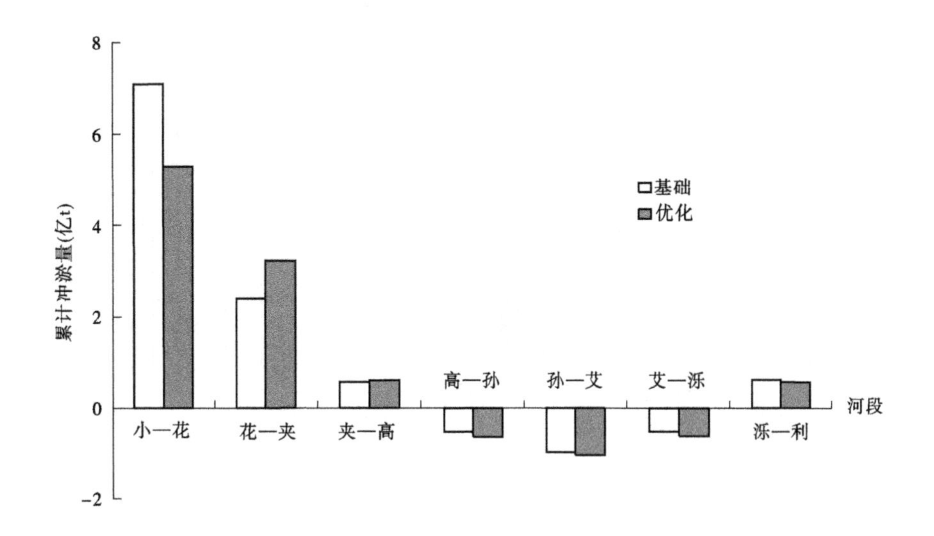

图6-44　基础方案与优化方案分河段累计冲淤量比较(全断面)

表6-13　黄河下游冲淤量统计　(单位:亿t)

河段	基础	优化	基础-优化
小—花	7.079	5.286	1.793
花—夹	2.392	3.200	-0.808
夹—高	0.558	0.604	-0.046
高—孙	-0.529	-0.645	0.116
孙—艾	-0.974	-1.034	0.060
艾—泺	-0.521	-0.619	0.099
泺—利	0.624	0.558	0.066

图6-45为小—花河段两方案计算分滩槽年冲淤量比较,计算淤积的年份及两方案淤积差异较大的年份都集中在第15~20年。其中,在第19年最为典型,利用此年的水沙条件对计算成果进行合理性分析。

在第19年非汛期两方案来沙量分别为0.028亿t、0.026亿t,含沙量较低,计算在小—花河段均为冲刷,基础方案与优化方案分别冲刷了0.251亿t和0.198亿t。在第19年的汛期基础方案水量143.907亿m^3、沙量11.485亿t,平均含沙量为79.8 kg/m^3;优化方案水量145.137亿m^3、沙量3.677亿t,平均含沙量为25.33 kg/m^3。基础方案较优化方案水量少了1.23亿m^3,沙量多

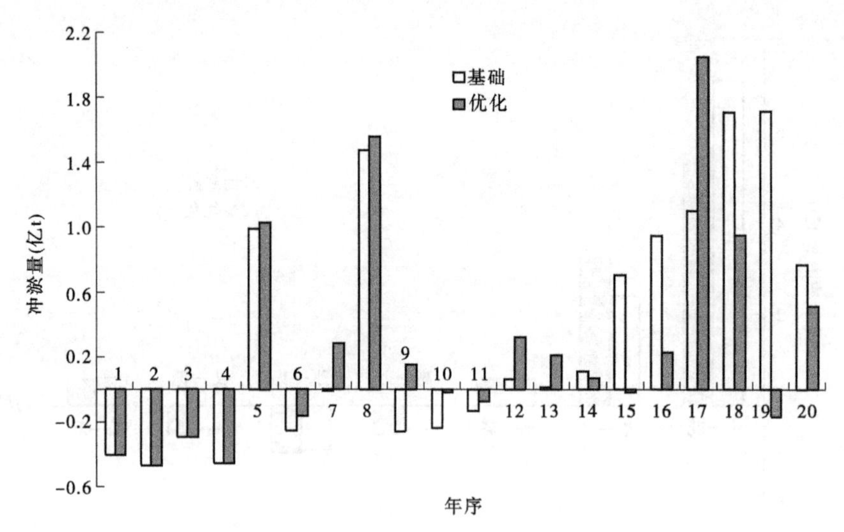

图 6-45　小—花河段冲淤量比较(全断面)

了 7.8 亿 t(见表 6-14)。

表 6-14　第 19 年水沙及小—花间冲淤量统计

时期	水量(亿 m^3)		沙量(亿 t)		冲淤量	
	基础	优化	基础	优化	基础	优化
汛期	143.907	145.137	11.485	3.677	1.963	0.028
非汛期	157.245	153.774	0.028	0.026	-0.251	-0.198

从第 19 年的来水来沙组成看,两方案日均流量均在 4 000 m^3/s 以下。两方案水沙过程差别主要在 7 月 24 日至 8 月 3 日,优化方案比基础方案多一个持续时间为 1 d 日均流量为 4 000 m^3/s 洪峰过程,相应优化方案沙峰持续时间要较基础方案时间长(见图 6-46、图 6-47)。

通过对比两方案来水来沙情况,两方案来水量相差不大,但基础方案的日均含沙量是优化方案的 3.15 倍,汛期优化方案的水沙过程要较基础方案的水沙过程更为有利,且基础方案的平均含沙量为 79.8 kg/m^3,在平均流量不高于 2 000 m^3/s 的条件下,小—花间发生了剧烈的淤积。

6.2.3.3 "1960"系列下游河道小结

依据小浪底水库运用情况,小浪底水库基础方案与优化方案水库拦沙年限分别为 14 年和 17 年。基础方案的第 15 ~ 20 年、优化方案的第 18 ~ 20 年为小浪底水库完成拦沙运用后的时段,此期间内小浪底水库不具有拦蓄作用,

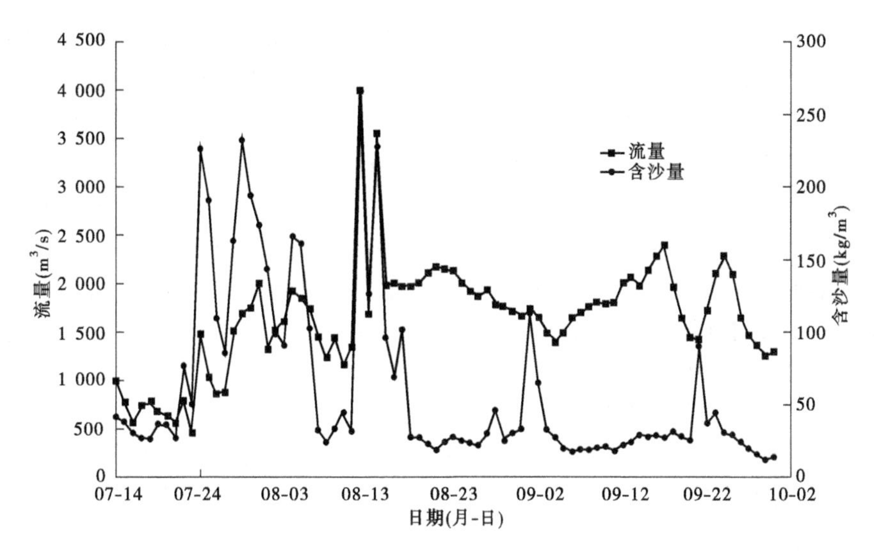

图6-46　第19年汛期来水来沙系列(基础方案)

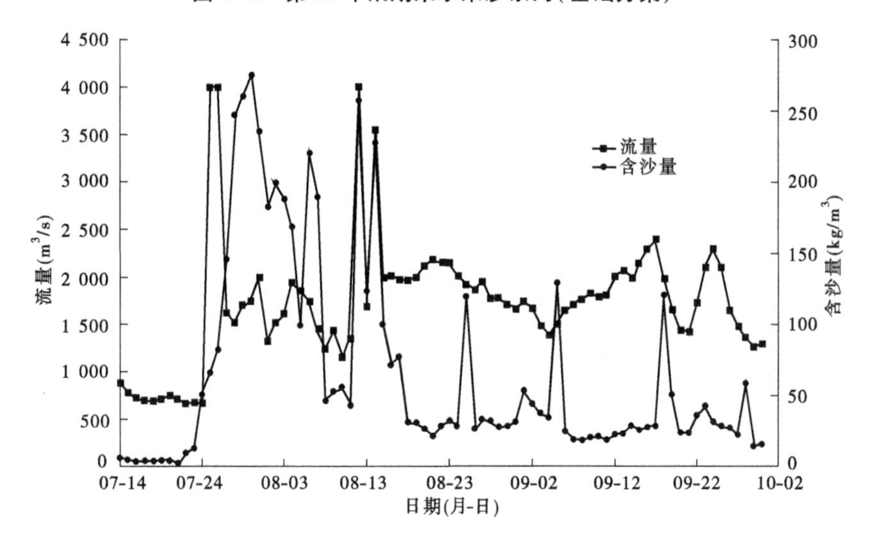

图6-47　第19年汛期来水来沙系列(优化方案)

因此该时段内沙量较多,特别是高含水洪水过程时常发生,会造成黄河下游局部河段的淤积。综合对比基础方案与优化方案水沙量及在黄河下游冲淤量成果,可以得到如下结论:

(1)整个计算系列两方案总水量相差不大,年内水量相差也不是很大,但在年内汛期、非汛期水量存在差异。

(2)整个计算系列两方案总沙量相差不大。但从年沙量来看,在个别年份沙量相差较大,在第6年、第7年、第15~19年基础方案与优化方案年沙量差值都在3亿t以上,其中在第19年基础方案较优化方案年沙量多7.811亿t。从沙量在年内分配看,这些差别都主要集中在汛期。

(3)在拦沙期(基础方案的第1~14年、优化方案的第1~17年),基础方案与优化方案在下游的冲淤量分别为冲刷4.148亿t和淤积4.473亿t。基础方案冲刷主要集中在高村—泺口河段,占总冲刷量的95.8%;优化方案在小浪底—高村河段发生了淤积,淤积量为6.864亿t,在高村—泺口河段发生了冲刷,冲刷量为2.741亿t。

(4)在最长拦沙期(第1~17年),基础方案与优化方案在下游计算冲淤量分别为0.524亿t和4.473亿t。基础方案淤积主要集中在小浪底—夹河滩河段,共淤积3.754亿t,冲刷主要集中在高村—泺口河段,共冲刷3.36亿t。

(5)整个系列从计算累计冲淤量上看,基础方案与优化方案在黄河下游全断面累计淤积量分别为8.63亿t、7.35亿t,在主槽累计淤积量分别为4.38亿t、4.10亿t,基础方案较优化方案在全下游累计多淤积了1.28亿t泥沙,其中滩地多淤积了1.0亿t。

(6)从分河段看,两方案计算差别主要在小浪底—高村河段,其中在小浪底—花园口河段基础方案较优化方案多淤积了1.793亿t,在花园口—夹河滩河段基础方案较优化方案少淤积了0.808亿t,在高村—孙口河段基础方案较优化方案多淤积了0.116亿t。

(7)在小浪底—高村河段,计算淤积的年份及两方案淤积差异较大的年份都集中在第15~20年。分析原因主要是该时段内小浪底水库不具有拦蓄作用,出库沙量较多、含沙量较大。

第7章 结 论

黄河不同类型的高含沙洪水输沙特性不同,水库及河道的冲淤特点及冲淤规律不同,对黄河下游防洪减淤的影响也不同,因此应对不同类型的高含沙洪水采用不同的调控技术方案。

(1)根据黄河下游高含沙洪水冲淤特性,将高含沙洪水分为洪水沙量大于10亿t的漫滩高含沙洪水,洪水沙量大于4亿t、小于10亿t的一般高含沙洪水,洪水沙量小于4亿t的高含沙小洪水等三类洪水。

(2)第一类高含沙洪水,调控思路为充分利用漫滩洪水的淤滩刷槽特性,调控出大漫滩洪水;建议采用优化方案3即控制花园口站最大流量不超过10 000 m^3/s的前提下,按照出库流量大于平滩流量的1.5倍调控出库流量。与基础方案相比,小浪底水库可减少淤积4.59亿t,排沙提高22.36%,黄河下游滩地淤积1.26亿t,平滩流量维持在4 200~6 790 m^3/s范围。

对于这类洪水,在小浪底现状条件下,若维持主槽冲淤平衡,需利用古贤水库拦减部分高含沙洪水的泥沙。

(3)第二类高含沙洪水,调控思路为尽量调控出接近黄河下游平滩流量的高含沙洪水,充分利用主槽排沙能力排沙入海;建议采用优化方案即降低高含沙洪水含沙量标准为100 kg/m^3,在高含沙洪水入库前进行预泄,进行低水位迎峰。与基础方案相比,小浪底水库淤积量减少1.81亿t,水库排沙比提高24.2%;黄河下游主槽冲淤基本平衡(冲刷0.31亿t),平滩流量维持在4 260~7 330 m^3/s范围。

(4)第三类高含沙洪水,调控思路为充分利用目前花园口以上河道较大主槽库容滞沙(暂时滞留部分泥沙,这部分泥沙可在非洪水期逐渐输移入海)。建议采用优化方案,将高含沙洪水流量指标由2 600 m^3/s降低为1 500 m^3/s,含沙量由200 kg/m^3减小为100 kg/m^3,空库迎峰。与基础方案相比,小浪底水库淤积量减少1.54亿t,水库排沙比提高24.2%;黄河下游主槽冲淤基本平衡(淤积0.25亿t),平滩流量没有明显变化,维持在4 150~7 200 m^3/s范围。

(5)对年径流量为211.2亿m^3、年沙量为6.6亿t的长系列水沙过程,水库调控指水库蓄满造峰调控水体由13亿m^3减少为7亿m^3,小浪底水库淤积量减少0.82亿t,水库排沙比提高12%;黄河下游河道主槽基本处于冲淤平衡状态(主槽冲刷0.11亿t)。在目前黄河下游河床粗化严重、冲刷效率较低的情况下,利用水库调控使下游河道处于微冲微淤的状态,是实现高效输沙且提高水库排沙比的有效途径。

(6)古贤水库的作用定位主要体现在两个方面:其一,现状条件下,拦减北干流高含沙洪水部分泥沙,协助小浪底水库调控出有利于黄河下游冲淤基本平衡的水沙条件,实现黄河下游的高效输沙;其二,在小浪底水库拦沙后期末及正常运用期,拦减北干流高含沙洪水部分泥沙,避免小浪底水库出现强迫排沙,给黄河下游造成严重淤积的情况。

对于第一类高含沙洪水年份,在小浪底水库现状条件下,古贤水库拦减高含沙洪水沙量50%,黄河下游可基本达到冲淤平衡;在小浪底水库拦沙后期第三阶段,如遇高含沙洪水,古贤水库须拦减70%的泥沙,才能保证小浪底水库不进行强迫排沙。